Leonie Grimm

Lambacher Schweizer

Mathematik Sicher in die Oberstufe

W0373607

Arbeitsheft mit Lösungen

erarbeitet von
Claudia Pils
Claus Stöckle

Ernst Klett Verlag
Stuttgart · Leipzig

Inhaltsverzeichnis

So arbeiten Sie mit Lambacher Schweizer Sicher in die Oberstufe

Dieses Arbeitsheft erleichtert Ihnen den Übergang von der Sekundarstufe I (Realschule) in die Sekundarstufe II (Berufliches Gymnasium/Fachoberschule/Berufliche Oberstufe). Es besteht aus den beiden Teilen **Fit bleiben** und **Fit werden** mit insgesamt 13 Kapiteln.

Alle Kapitel in diesem Arbeitsheft haben den gleichen Aufbau:

Fit bleiben: Wiederholung aus der Realschule

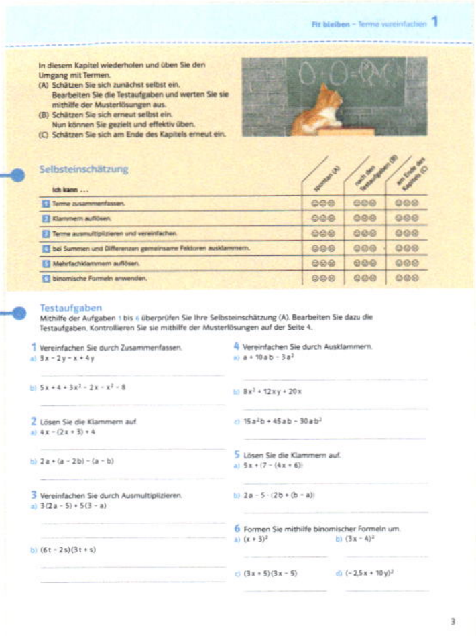
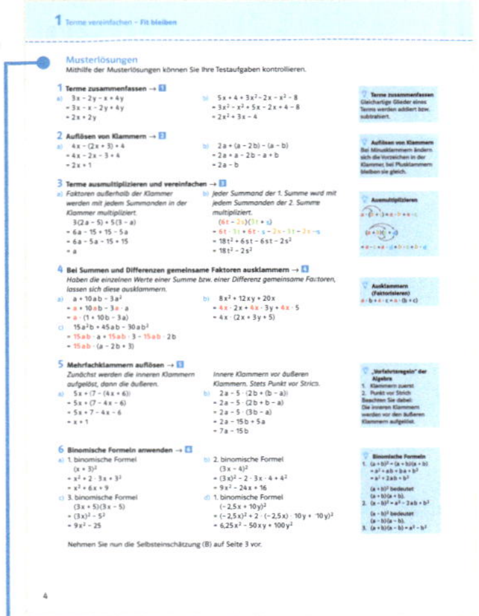
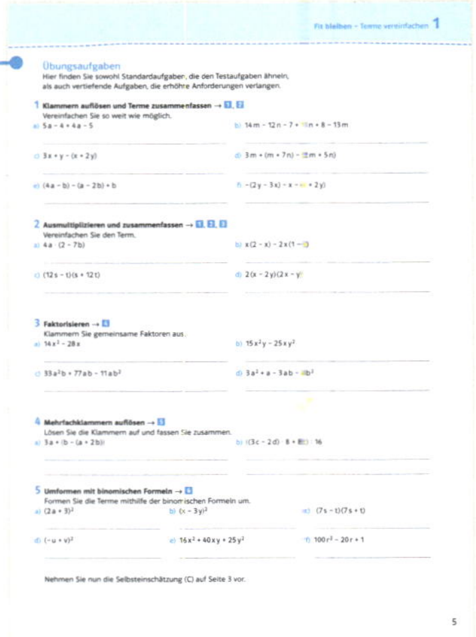

Selbsteinschätzung
Am Kapitelanfang können Sie testen, wie fit Sie für das Thema sind.

Testaufgaben
Mit den Testaufgaben überprüfen Sie Ihre Selbsteinschätzung.

Musterlösungen
Mit den Musterlösungen kontrollieren Sie Ihre Ergebnisse der Testaufgaben.

Übungsaufgaben
Hier finden Sie Aufgaben zum Üben und Vertiefen.

Fit werden: Vorbereitung auf die berufliche Oberstufe

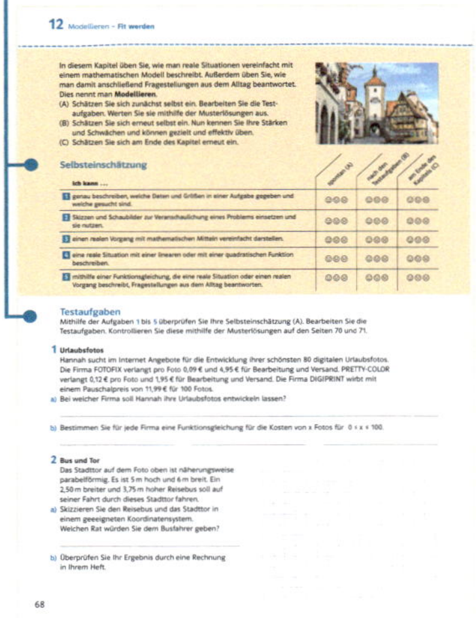
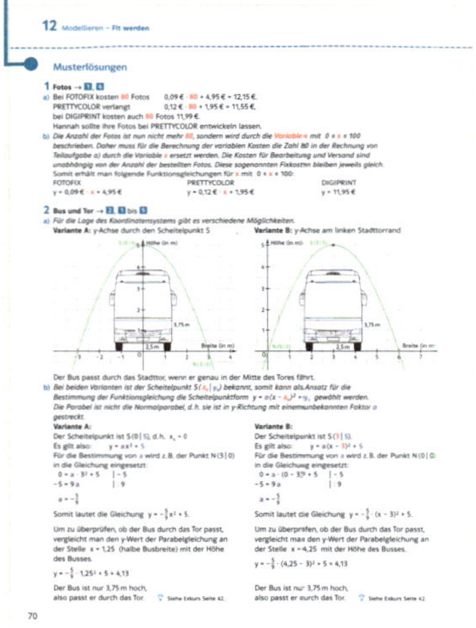
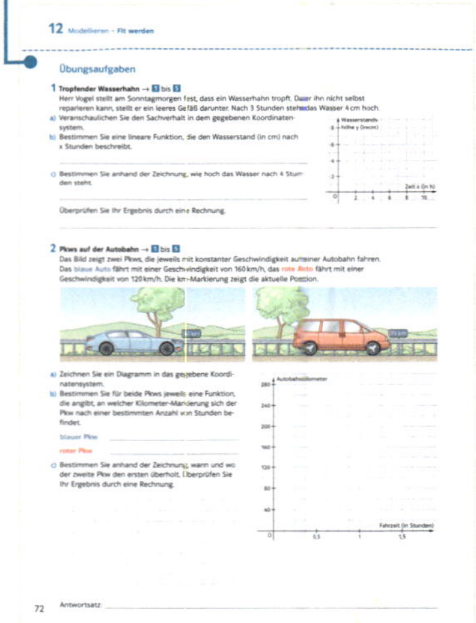

Symbole

1 Kompetenz bei Selbsteinschätzung

→ 1 Zuordnung zur Selbsteinschätzung

Tipp

Merke

ohne Taschenrechner zu lösen

Elemente

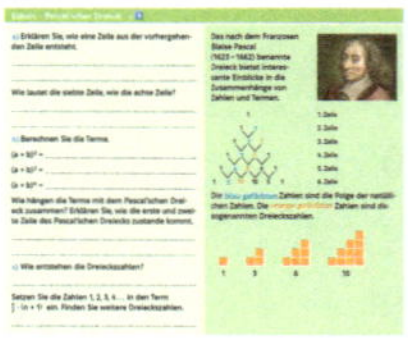

Exkurse
Exkurse bestehen aus einem Lehrtext und Aufgaben.

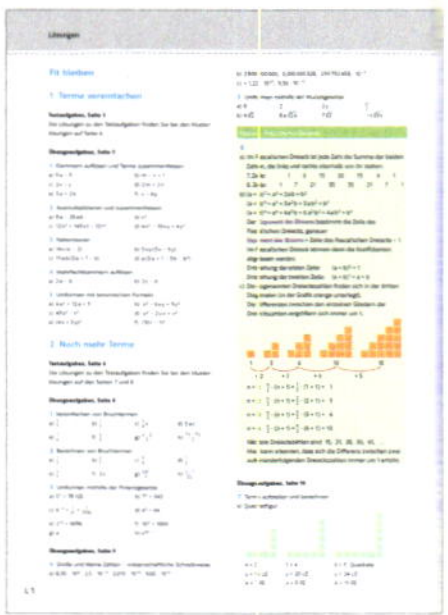

Lösungen
zu den Übungsaufgaben und Exkurs-Aufgaben sind im Anhang.

In diesem Kapitel wiederholen und üben Sie den Umgang mit Termen.

(A) Schätzen Sie sich zunächst selbst ein.
Bearbeiten Sie die Testaufgaben und werten Sie sie mithilfe der Musterlösungen aus.

(B) Schätzen Sie sich erneut selbst ein.
Nun können Sie gezielt und effektiv üben.

(C) Schätzen Sie sich am Ende des Kapitels erneut ein.

Selbsteinschätzung

Ich kann …	spontan (A)	nach den Testaufgaben (B)	am Ende des Kapitels (C)
1 Terme zusammenfassen.	☺ 😐 ☹	☺ 😐 ☹	☺ 😐 ☹
2 Klammern auflösen.	☺ 😐 ☹	☺ 😐 ☹	☺ 😐 ☹
3 Terme ausmultiplizieren und vereinfachen.	☺ 😐 ☹	☺ 😐 ☹	☺ 😐 ☹
4 bei Summen und Differenzen gemeinsame Faktoren ausklammern.	☺ 😐 ☹	☺ 😐 ☹	☺ 😐 ☹
5 Mehrfachklammern auflösen.	☺ 😐 ☹	☺ 😐 ☹	☺ 😐 ☹
6 binomische Formeln anwenden.	☺ 😐 ☹	☺ 😐 ☹	☺ 😐 ☹

Testaufgaben

Mithilfe der Aufgaben 1 bis 6 überprüfen Sie Ihre Selbsteinschätzung (A). Bearbeiten Sie dazu die Testaufgaben. Kontrollieren Sie sie mithilfe der Musterlösungen auf der Seite 4.

1 Vereinfachen Sie durch Zusammenfassen.

a) $3x - 2y - x + 4y$

$2x + 4y$

b) $5x + 4 + 3x^2 - 2x - x^2 - 8$

$3x + 2x^2 - 4$

2 Lösen Sie die Klammern auf.

a) $4x - (2x + 3) + 4$

$4x - 2x - 3 + 4 = 2x + 1$

b) $2a + (a - 2b) - (a - b)$

$2a + a - 2b - a + b = 2a + 3b$

3 Vereinfachen Sie durch Ausmultiplizieren.

a) $3(2a - 5) + 5(3 - a)$

$6a - 15 + 15 - 5a$

$= a$

b) $(6t - 2s)(3t + s)$

$18t^2 + 6ts - 6st - 2s^2$

$= 18t^2 - 2s^2$

4 Vereinfachen Sie durch Ausklammern.

a) $a + 10ab - 3a^2$

$a(10b - 3a)$

b) $8x^2 + 12xy + 20x$

$4x(2x + 3y + 5)$

c) $15a^2b + 45ab - 30ab^2$

$15ab(a + 3 - 2b)$

5 Lösen Sie die Klammern auf.

a) $5x + (7 - (4x + 6))$

$5x + 7 - 4x - 6 = x + 1$

b) $2a - 5 \cdot (2b + (b - a))$

~~2a - 10b + b - a~~ $= 2a - 15b + 3a$

6 Formen Sie mithilfe binomischer Formeln um.

a) $(x + 3)^2$

$x^2 + 6x + 9$

b) $(3x - 4)^2$

$9x^2 - 24x + 16$

c) $(3x + 5)(3x - 5)$

$9x^2 - 25$

d) $(-2{,}5x + 10y)^2$

$6{,}25x^2 + 50xy + 100y^2$

Musterlösungen

Mithilfe der Musterlösungen können Sie Ihre Testaufgaben kontrollieren.

1 Terme zusammenfassen → 1

a) $3x - 2y - x + 4y$
$= 3x - x - 2y + 4y$
$= 2x + 2y$

b) $5x + 4 + 3x^2 - 2x - x^2 - 8$
$= 3x^2 - x^2 + 5x - 2x + 4 - 8$
$= 2x^2 + 3x - 4$

Terme zusammenfassen
Gleichartige Glieder eines Terms werden addiert bzw. subtrahiert.

2 Auflösen von Klammern → 2

a) $4x - (2x + 3) + 4$
$= 4x - 2x - 3 + 4$
$= 2x + 1$

b) $2a + (a - 2b) - (a - b)$
$= 2a + a - 2b - a + b$
$= 2a - b$

Auflösen von Klammern
Bei Minusklammern ändern sich die Vorzeichen in der Klammer, bei Plusklammern bleiben sie gleich.

3 Terme ausmultiplizieren und vereinfachen → 3

a) *Faktoren außerhalb der Klammer werden mit jedem Summanden in der Klammer multipliziert.*
$3(2a - 5) + 5(3 - a)$
$= 6a - 15 + 15 - 5a$
$= 6a - 5a - 15 + 15$
$= a$

b) *Jeder Summand der 1. Summe wird mit jedem Summanden der 2. Summe multipliziert.*
$(6t - 2s)(3t + s)$
$= 6t \cdot 3t + 6t \cdot s - 2s \cdot 3t - 2s \cdot s$
$= 18t^2 + 6st - 6st - 2s^2$
$= 18t^2 - 2s^2$

Ausmultiplizieren
$a \cdot (b + c) = a \cdot b + a \cdot c$

$(a + b)(c + d)$
$= a \cdot c + a \cdot d + b \cdot c + b \cdot d$

4 Bei Summen und Differenzen gemeinsame Faktoren ausklammern → 4

Haben die einzelnen Werte einer Summe bzw. einer Differenz gemeinsame Faktoren, lassen sich diese ausklammern.

a) $a + 10ab - 3a^2$
$= a + 10ab - 3a \cdot a$
$= a \cdot (1 + 10b - 3a)$

b) $8x^2 + 12xy + 20x$
$= 4x \cdot 2x + 4x \cdot 3y + 4x \cdot 5$
$= 4x \cdot (2x + 3y + 5)$

c) $15a^2b + 45ab - 30ab^2$
$= 15ab \cdot a + 15ab \cdot 3 - 15ab \cdot 2b$
$= 15ab \cdot (a - 2b + 3)$

Ausklammern (Faktorisieren)
$a \cdot b + a \cdot c = a\ (b + c)$

5 Mehrfachklammern auflösen → 5

Zunächst werden die inneren Klammern aufgelöst, dann die äußeren.

a) $5x + (7 - (4x + 6))$
$= 5x + (7 - 4x - 6)$
$= 5x + 7 - 4x - 6$
$= x + 1$

Innere Klammern vor äußeren Klammern. Stets Punkt vor Strich.

b) $2a - 5 \cdot (2b + (b - a))$
$= 2a - 5 \cdot (2b + b - a)$
$= 2a - 5 \cdot (3b - a)$
$= 2a - 15b + 5a$
$= 7a - 15b$

„Vorfahrtsregeln" der Algebra
1. Klammern zuerst
2. Punkt vor Strich

Beachten Sie dabei: Die inneren Klammern werden vor den äußeren Klammern aufgelöst.

6 Binomische Formeln anwenden → 6

a) 1. binomische Formel
$(x + 3)^2$
$= x^2 + 2 \cdot 3x + 3^2$
$= x^2 + 6x + 9$

b) 2. binomische Formel
$(3x - 4)^2$
$= (3x)^2 - 2 \cdot 3x \cdot 4 + 4^2$
$= 9x^2 - 24x + 16$

c) 3. binomische Formel
$(3x + 5)(3x - 5)$
$= (3x)^2 - 5^2$
$= 9x^2 - 25$

d) 1. binomische Formel
$(-2{,}5x + 10y)^2$
$= (-2{,}5x)^2 + 2 \cdot (-2{,}5x) \cdot 10y + (10y)^2$
$= 6{,}25x^2 - 50xy + 100y^2$

Binomische Formeln
1. $(a + b)^2 = (a + b)(a + b)$
$= a^2 + ab + ba + b^2$
$= a^2 + 2ab + b^2$

$(a + b)^2$ bedeutet $(a + b)(a + b)$.

2. $(a - b)^2 = a^2 - 2ab + b^2$

$(a - b)^2$ bedeutet $(a - b)(a - b)$.

3. $(a + b)(a - b) = a^2 - b^2$

Nehmen Sie nun die Selbsteinschätzung (B) auf Seite 3 vor.

Übungsaufgaben

Hier finden Sie sowohl Standardaufgaben, die den Testaufgaben ähneln, als auch vertiefende Aufgaben, die erhöhte Anforderungen verlangen.

1 Klammern auflösen und Terme zusammenfassen → 1, 2

Vereinfachen Sie so weit wie möglich.

a) $5a - 4 + 4a - 5$

$9a - 9$

b) $14m - 12n - 7 + 11n + 8 - 13m$

$m - n + 1$

c) $3x + y - (x + 2y)$

$2x - y$

d) $3m + (m + 7n) - (2m + 5n)$

$2m + 2n$

e) $(4a - b) - (a - 2b) + b$

$3a + 2b$

f) $-(2y - 3x) - x - (x + 2y)$

$-4y + x$

2 Ausmultiplizieren und zusammenfassen → 1, 2, 3

Vereinfachen Sie den Term.

a) $4a \cdot (2 - 7b)$

$8a - 28ab$

b) $x(2 - x) - 2x(1 - x)$

c) $(12s - t)(s + 12t)$

d) $2(x - 2y)(2x - y)$

3 Faktorisieren → 4

Klammern Sie gemeinsame Faktoren aus.

a) $14x^2 - 28x$

$7x(2x - 4)$

b) $15x^2y - 25xy^2$

$5xy(3x - 5y)$

c) $33a^2b + 77ab - 11ab^2$

11ab(3a [illegible] + 7 - b)

d) $3a^2 + a - 3ab - ab^2$

$3a(a + 1 - b - b^2)$

4 Mehrfachklammern auflösen → 5

Lösen Sie die Klammern auf und fassen Sie zusammen.

a) $3a + (b - (a + 2b))$

$2a - b$

b) $((3c - 2d) \cdot 8 + 8c) : 16$

$2c - d$

5 Umformen mit binomischen Formeln → 6

Formen Sie die Terme mithilfe der binomischen Formeln um.

a) $(2a + 3)^2$

$4a^2 + 12a + 9$

b) $(x - 3y)^2$

$x^2 - 6xy + 9y$

c) $(7s - t)(7s + t)$

$49s^2 - t^2$

d) $(-u + v)^2$

$-u^2 + (2uv) + v^2$

e) $16x^2 + 40xy + 25y^2$

$(4x + 5y)^2$

f) $100r^2 - 20r + 1$

$(10r - 1)^2$

Nehmen Sie nun die Selbsteinschätzung (C) auf Seite 3 vor.

In diesem Kapitel wiederholen und üben Sie den Umgang mit Termen.
(A) Schätzen Sie sich zunächst selbst ein. Bearbeiten Sie die Testaufgaben und werten Sie sie mithilfe der Musterlösungen aus.
(B) Schätzen Sie sich erneut selbst ein. Nun können Sie gezielt und effektiv üben.
(C) Schätzen Sie sich am Ende des Kapitels erneut ein.

Selbsteinschätzung

Ich kann ...	spontan (A)	nach den Testaufgaben (B)	am Ende des Kapitels (C)
1 Bruchterme kürzen.	☺😐☹	☺😐☹	☺😐☹
2 Werte von Bruchtermen berechnen.	☺😐☹	☺😐☹	☺😐☹
3 Terme mithilfe der Potenzgesetze umformen.	☺😐☹	☺😐☹	☺😐☹
4 große bzw. kleine Zahlen in der Exponentialdarstellung schreiben.	☺😐☹	☺😐☹	☺😐☹
5 Terme mithilfe der Wurzelgesetze vereinfachen.	☺😐☹	☺😐☹	☺😐☹
6 Terme zu Textaufgaben erstellen und diese berechnen.	☺😐☹	☺😐☹	☺😐☹

Testaufgaben

Mithilfe der Aufgaben 1 bis 6 überprüfen Sie Ihre Selbsteinschätzung (A). Bearbeiten Sie dazu die Testaufgaben. Kontrollieren Sie sie mithilfe der Musterlösungen auf den Seiten 7 und 8.

1 Kürzen Sie den Bruchterm. Denken Sie dabei auch an das Faktorisieren.

a) $\frac{35}{63} =$ ______ b) $\frac{24a^2b}{36ab^2} =$ ______ c) $\frac{3x-3}{x-1} =$ ______

2 Berechnen Sie den Wert des Bruchterms.

a) $\frac{1}{4} + \frac{5}{6} =$ ______ b) $\frac{4y}{5} \cdot \frac{15y}{8} =$ ______ c) $\frac{5}{6} - \frac{1}{2} : \frac{3}{4} =$ ______

3 Formen Sie den Term mithilfe der Potenzgesetze um.

a) $x^2 \cdot x^5 =$ ______ b) $\frac{y^8}{y^5} =$ ______ c) $\frac{20^4}{10^4} \cdot 2^2 =$ ______

4 Schreiben Sie die Zahl in der Exponentialdarstellung.

a) $460\,000 =$ ______ b) $0{,}000\,073 =$ ______

5 Wenden Sie die Wurzelgesetze an.

a) $\sqrt{3} \cdot \sqrt{27} =$ ______ b) $\frac{\sqrt{50x^3}}{\sqrt{2x}} =$ ______

6 Lea verpackt ein quaderförmiges Päckchen mit Geschenkpapier und Geschenkband.

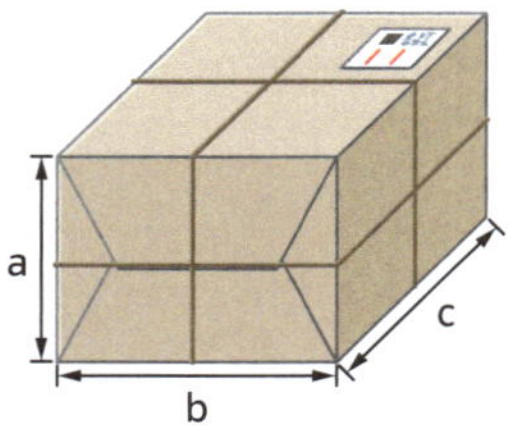

a) Erstellen Sie einen Term zur Berechnung der Länge des Geschenkbands (ohne Knoten und Schleifen).

______

b) Geben Sie einen Term an, der den Papierverbrauch beschreibt (ohne doppelt liegendes Papier).

______

c) Skizzieren Sie in Ihr Heft ein bereits verschnürtes Päckchen, zu dem der Term $4a + 6b + 6c$ passt.

Musterlösungen

Mithilfe der Musterlösungen können Sie Ihre Testaufgaben kontrollieren.

1 Vereinfachen von Bruchtermen → 1

a) *Vor dem Kürzen zerlegt man Zähler und Nenner in Faktoren.*

$\frac{35}{63} = \frac{5 \cdot \cancel{7}}{9 \cdot \cancel{7}} = \frac{5}{9}$

b) *Beim Kürzen werden Variablen mit Variablen und Zahlen mit Zahlen gekürzt.*

$\frac{24a^2b}{36ab^2} = \frac{2 \cdot \cancel{12} \cdot \cancel{a} \cdot a \cdot \cancel{b}}{3 \cdot \cancel{12} \cdot \cancel{a} \cdot b \cdot \cancel{b}} = \frac{2a}{3b}$

c) *Das Ausklammern ermöglicht häufig die Vereinfachung von Termen.*

$\frac{3x - 3}{x - 1} = \frac{3 \cdot \cancel{(x-1)}}{\cancel{x-1}} = 3$ mit $x \neq 1$

Erweitern
$\frac{a}{b} = \frac{a \cdot n}{b \cdot n}$ mit $n \neq 0$

Ausklammern (Faktorisieren)
$ax + ay = a \cdot (x + y)$

2 Berechnen von Bruchtermen → 2

a) *Zunächst macht man die Nenner gleichnamig.*

$\frac{1}{4} + \frac{5}{6} = \frac{1 \cdot 3}{4 \cdot 3} + \frac{5 \cdot 2}{6 \cdot 2}$

$= \frac{3}{12} + \frac{10}{12} = \frac{13}{12} = 1\frac{1}{12}$

b) *Oft ist es hilfreich, vor dem Multiplizieren zu kürzen.*

$\frac{4y}{5} \cdot \frac{15y}{8} = \frac{\cancel{4} \cdot y}{\cancel{5}} \cdot \frac{3 \cdot \cancel{5} \cdot y}{2 \cdot \cancel{4}}$

$= \frac{3y^2}{2} = \frac{3}{2}y^2$

c) *Achten Sie auf Punkt vor Strich. Man dividiert durch einen Bruch, indem man mit dem Kehrbruch multipliziert.*

$\frac{5}{6} - \frac{1}{2} : \frac{3}{4} = \frac{5}{6} - \frac{1}{2} \cdot \frac{4}{3}$

$= \frac{5}{6} - \frac{4}{6} = \frac{1}{6}$

Multiplizieren
$\frac{a}{b} \cdot \frac{c}{d} = \frac{a \cdot c}{b \cdot d}$ mit $b \neq 0$ und $d \neq 0$

Dividieren
$\frac{a}{b} : \frac{c}{d} = \frac{a}{b} \cdot \frac{d}{c}$ mit $b \neq 0$ und $c \neq 0$

$\frac{d}{c}$ ist der **Kehrbruch** von $\frac{c}{d}$.

3 Vereinfachen mithilfe der Potenzgesetze → 3

Potenzen mit gleicher Basis werden multipliziert bzw. dividiert, indem man die Exponenten (Hochzahlen) addiert bzw. subtrahiert und die Basis (Grundzahlen) belässt.

a) $x^2 \cdot x^5 = x \cdot x \cdot x \cdot x \cdot x \cdot x \cdot x = x^{2+5} = x^7$

b) $\frac{y^8}{y^5} = \frac{y \cdot y \cdot y \cdot y \cdot y \cdot y \cdot y \cdot y}{y \cdot y \cdot y \cdot y \cdot y} = y^{8-5} = y^3$

c) *Potenzen mit gleichen Exponenten werden multipliziert bzw. dividiert, indem man die Basen multipliziert bzw. dividiert und den Exponenten belässt.*

$\frac{20^4}{10^4} \cdot 2^2 = \left(\frac{20}{10}\right)^4 \cdot 2^2$

$= 2^4 \cdot 2^2$

$= 2^6 = 64$

Potenzgesetze
$a^m \cdot a^n = a^{n+m}$
$a^m : a^n = a^{n-m}$

$a^m \cdot b^m = (a \cdot b)^m$
$a^m : b^m = (a : b)^m$

$(a^m)^n = a^{m \cdot n}$

4 Große und kleine Zahlen – wissenschaftliche Schreibweise → 4

Sehr große und sehr kleine Zahlen lassen sich in der wissenschaftlichen Schreibweise (auch **Exponentialdarstellung** genannt) schreiben. Dadurch sind die Zahlen übersichtlicher und lassen sich besser vergleichen.

a) $460\,000 = 4{,}6 \cdot 100\,000$
$= 4{,}6 \cdot 10^5$

b) $0{,}000\,073 = 7{,}3 \cdot \frac{1}{10\,000}$
$= 7{,}3 \cdot \frac{1}{10^5} = 7{,}3 \cdot 10^{-5}$

Exponentialdarstellung
Zahlen werden in die Form $a \cdot 10^m$ bzw. $a \cdot 10^{-m}$ gebracht, wobei $1 \le a < 10$.

Beispiel:
$0{,}000\,028 = 2{,}8 \cdot 10^{-5}$

Komma wird um 5 Stellen nach rechts verschoben.

5 Vereinfachen mithilfe der Wurzelgesetze → 5

a) $\sqrt{3} \cdot \sqrt{27} = \sqrt{3 \cdot 27}$
$= \sqrt{81}$ | $\sqrt{\ }$
$= 9$

b) $\frac{\sqrt{50x^3}}{\sqrt{2x}} = \sqrt{\frac{\cancel{2} \cdot 25 \cdot \cancel{x} \cdot x^2}{\cancel{2x}}}$
$= \sqrt{25x^2}$ | $\sqrt{\ }$
$= 5x$

Wurzelgesetze
$\sqrt{a} \cdot \sqrt{b} = \sqrt{a \cdot b}$ mit $a > 0$ und $b > 0$

$\sqrt{\frac{a}{b}} = \frac{\sqrt{a}}{\sqrt{b}}$ mit $a \ge 0$ und $b > 0$

6 Terme in Anwendungssituationen aufstellen und berechnen → 6

a) Für die einzelnen Längen des Geschenkbands werden verschiedene Variablen festgelegt.
Maße des Päckchens: Länge a, Breite b, Höhe c
Länge des Geschenkbands:
$l = 4a + 4b + 4c$

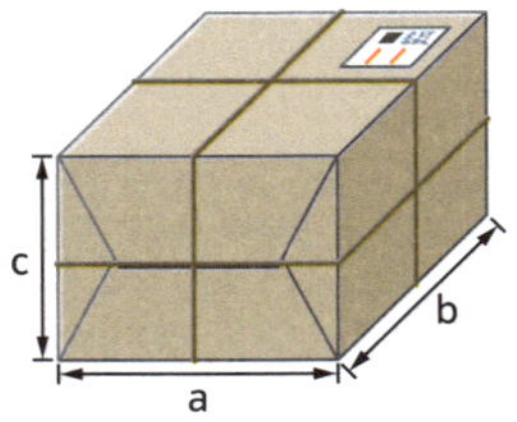

b) Papierbedarf P für das Päckchen:
$P = 2 \cdot a \cdot b + 2 \cdot a \cdot c + 2 \cdot b \cdot c$

c) Die Länge des Geschenkbands des skizzierten Päckchens ergibt sich aus dem Vierfachen der Länge a, dem Sechsfachen der Breite b und dem Sechsfachen der Höhe c.
$l = 4a + 6b + 6c$

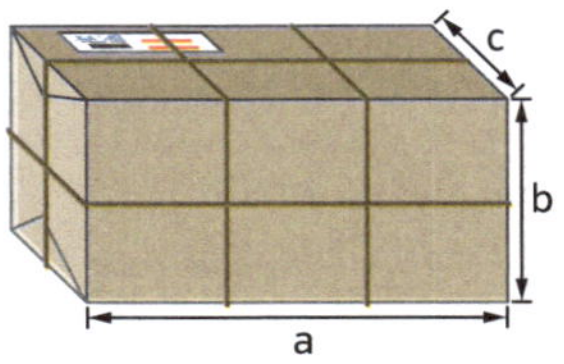

Terme aufstellen und berechnen
Für unbekannte Zahlen oder Größen werden Variablen festgelegt. Danach lässt sich der Term aufstellen.
Wenn man Terme aufstellt oder berechnet, sollten die Maßeinheiten bei allen Werten gleich sein.

Nehmen Sie nun die Selbsteinschätzung (B) auf Seite 6 vor.

Übungsaufgaben

Hier finden Sie sowohl Standardaufgaben, die den Testaufgaben ähneln, als auch vertiefende Aufgaben, die erhöhte Anforderungen erfordern. An einzelnen Stellen werden Themen aufbereitet, die einen Ausblick in die Oberstufe geben. Diese Stellen sind als Exkurs gekennzeichnet.

1 Vereinfachen von Bruchtermen → 1

Vereinfachen Sie den Bruchterm. Denken Sie ans Kürzen und ans Faktorisieren.

a) $\frac{24}{56}$ ______
b) $\frac{36}{108}$ ______
c) $\frac{48xy}{64y}$ ______
d) $\frac{125a^2bc^2}{25abc}$ ______

e) $\frac{x+1}{4x+4}$ ______
f) $\frac{10y-5}{6y-3}$ ______
g) $\frac{x^2-4x+4}{3x-6}$ ______
h) $\frac{49x^2-81y^2}{14x+18y}$ ______

2 Berechnen von Bruchtermen → 2

a) $\frac{11}{12} - \frac{7}{12}$ ______
b) $\frac{2}{5} + \frac{4}{15}$ ______
c) $\frac{3}{8} + \frac{3}{4} - \frac{1}{2}$ ______
d) $\frac{1}{2} - \frac{3}{5} \cdot \frac{5}{6} + \frac{1}{2}$ ______

e) $\frac{2x}{3} - \frac{5x}{9}$ ______
f) $(3x - 3) \cdot \frac{6x}{9x-9}$ ______
g) $\frac{7ab}{36} \cdot \frac{54a}{14b}$ ______
h) $\frac{15u}{v+1} : \frac{30u^2}{v^2-1}$ ______

3 Umformen mithilfe der Potenzgesetze → 3

Vereinfachen Sie den Term mithilfe der Potenzgesetze.

a) $5^3 \cdot 5^4$ ______
b) $\frac{7^{11}}{7^8}$ ______
c) $3^{-5} \cdot 2^{-5}$ ______
d) $\frac{180^3}{45^3}$ ______

e) $(2^3)^4$ ______
f) $\frac{5^7 \cdot 2^7}{10^4}$ ______
g) $\frac{a^4}{b^8} \cdot \frac{(b^4)^2}{a^3}$ ______
h) $\frac{x^{n+1}}{x^2} : \frac{1}{x^n}$ ______

4 Große und kleine Zahlen – wissenschaftliche Schreibweise → 4

a) Schreiben Sie die Zahl in der wissenschaftlichen Schreibweise (Exponentialdarstellung).

835 000 000 | 0,000 000 002 5 | 20 130 000 000 000 | 9,65 Billionen

b) Schreiben Sie die Zahl in der Dezimalschreibweise.

$2,8 \cdot 10^9$ | $3,28 \cdot 10^{-7}$ | $2,997\,924\,58 \cdot 10^8$ | 1 Milliardstel

c) Berechnen Sie mit dem Taschenrechner. Notieren Sie das Ergebnis in der wissenschaftlichen Schreibweise. Runden Sie sinnvoll.

$987\,654\,321 \cdot 123\,456\,789$ | $0,000\,004\,68 : 50\,000\,000\,000$

5 Umformen mithilfe der Wurzelgesetze → 5

a) Vereinfachen Sie den Term mithilfe der Wurzelgesetze.

$\sqrt{2} \cdot \sqrt{32}$ | $\frac{\sqrt{5}}{\sqrt{15}} \cdot \sqrt{12}$ | $\sqrt{8xy^2} : \sqrt{2x}$ | $\frac{\sqrt{3x^3y} \cdot 2\sqrt{x^2}}{\sqrt{48xy}}$

b) Ziehen Sie die Wurzel so weit wie möglich. Fassen Sie, wenn möglich, zusammen.

$\sqrt{32}$ | $\sqrt{128a^3}$ | $\sqrt{32} + \sqrt{50} - \sqrt{8}$ | $\sqrt{27st^2} - t\sqrt{48s}$

Exkurs – Pascal´sches Dreieck → 3

6 a) Erklären Sie, wie eine Zeile aus der vorhergehenden Zeile entsteht.

Wie lautet die siebte Zeile, wie die achte Zeile?

b) Berechnen Sie die Terme.

$(a + b)^2 =$

$(a + b)^3 =$

$(a + b)^4 =$

Wie hängen die Terme mit dem Pascal'schen Dreieck zusammen? Erklären Sie, wie die erste und zweite Zeile des Pascal'schen Dreiecks zustande kommt.

c) Wie entstehen die Dreieckszahlen?

Setzen Sie die Zahlen 1, 2, 3, 4 … in den Term $\frac{n}{2} \cdot (n + 1)$ ein. Finden Sie weitere Dreieckszahlen.

Das nach dem Franzosen Blaise Pascal (1623–1662) benannte Dreieck bietet interessante Einblicke in die Zusammenhänge von Zahlen und Termen.

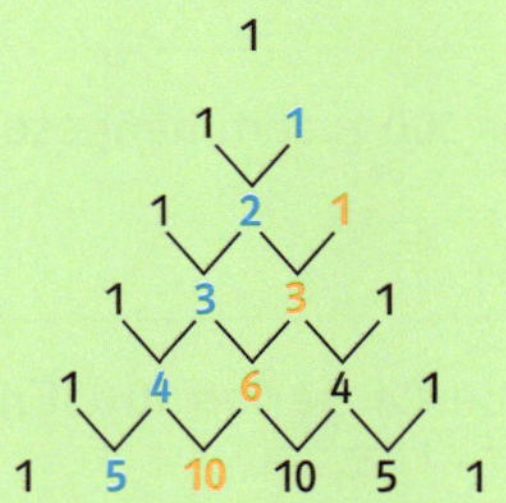

1. Zeile
2. Zeile
3. Zeile
4. Zeile
5. Zeile
6. Zeile

Die blau gefärbten Zahlen sind die Folge der natürlichen Zahlen. Die orange gefärbten Zahlen sind die sogenannten Dreieckszahlen.

1 3 6 10

7 Terme aufstellen und berechnen → 6

a) Quadratfigur

Die Abbildung zeigt die ersten drei Figuren einer Reihe. Dabei werden Quadrate mit der Seitenlänge x in der dargestellten Weise aneinandergesetzt. Zeichnen Sie die nächsten drei Figuren der Reihe in Ihr Heft.

Die Anzahl der Quadrate der n-ten Figur lässt sich mit dem Term $2n - 1$ berechnen. Aus wie vielen Quadraten besteht die 100. Figur?

Erstellen Sie einen Term für den Umfang der n-ten Figur.

Erstellen Sie einen Term, mit dem man den Flächeninhalt der n-ten Figur in Abhängigkeit der Länge x der Quadratseite berechnen kann.

b) Quadratsummen

Svenja meint: „Die Summe der Quadrate von vier aufeinanderfolgenden natürlichen Zahlen ist immer eine gerade Zahl." Hat sie Recht?

Wählen Sie vier aufeinanderfolgende natürliche Zahlen aus und überprüfen Sie die Behauptung. Erstellen Sie einen Term für die Summe von vier aufeinanderfolgenden Quadratzahlen und vereinfachen Sie ihn. Wie muss Svenja ihre Aussage ändern, wenn sie nur drei aufeinanderfolgende Quadratzahlen addiert?

c) Würfelkörper

Die Figur zeigt einen Würfelzehnling. Er besteht aus 10 aneinandergesetzten Würfeln. Sein Oberflächeninhalt beträgt $4200\,cm^2$.

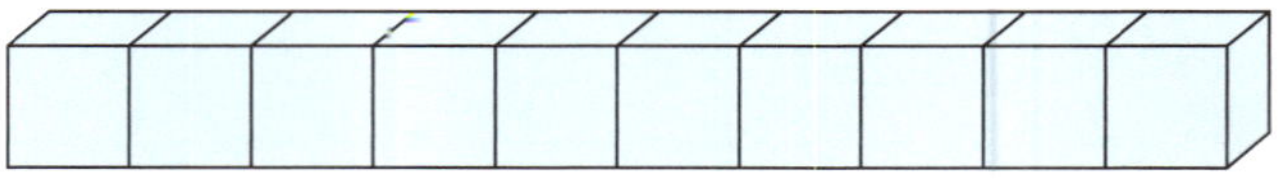

Bestimmen Sie die Gesamtlänge aller Außenkanten und das Volumen des Körpers.

Ein Würfelhundertling besteht aus 100 zusammengesetzten Würfeln. Erstellen Sie einen Term für die Berechnung des Oberflächeninhalts.

Ein Würfelhundertling hat eine Oberfläche von $10\,050\,mm^2$. Berechnen Sie sein Volumen.

Ein Würfelhundertling hat ein Volumen von $100\,dm^3$. Ein Würfelzehnling hat dasselbe Volumen. Um wie viele Quadratzentimeter unterscheiden sich die Oberflächen der beiden Körper?

Nehmen Sie nun die Selbsteinschätzung (C) auf Seite 6 vor.

Dieses Kapitel ermöglicht Ihnen, alle wichtigen Aspekte im Umgang mit linearen Gleichungen zu wiederholen und intensiv zu üben.

(A) Schätzen Sie sich zunächst selbst ein. Bearbeiten Sie die Testaufgaben und werten Sie sie mithilfe der Musterlösungen aus.

(B) Schätzen Sie sich erneut selbst ein. Nun kennen Sie Ihre Stärken und Schwächen und können gezielt und effektiv üben.

(C) Schätzen Sie sich am Ende des Kapitels erneut ein.

Selbsteinschätzung

Ich kann …	spontan (A)	nach den Testaufgaben (B)	am Ende des Kapitels (C)
1 Gleichungen mit einer Variablen – auch mit Klammern und Brüchen – sicher lösen.	☺ 😐 ☹	☺ 😐 ☹	☺ 😐 ☹
2 Formeln bzw. Gleichungen mit mehreren Variablen nach einer Variablen auflösen.	☺ 😐 ☹	☺ 😐 ☹	☺ 😐 ☹
3 lineare Gleichungen zeichnerisch lösen.	☺ 😐 ☹	☺ 😐 ☹	☺ 😐 ☹
4 Sachprobleme, die sich mit einer Gleichung darstellen lassen, rechnerisch lösen.	☺ 😐 ☹	☺ 😐 ☹	☺ 😐 ☹

Testaufgaben

Mithilfe der Aufgaben 1 bis 4 überprüfen Sie Ihre Selbsteinschätzung (A). Bearbeiten Sie dazu die Testaufgaben. Kontrollieren Sie sie mithilfe der Musterlösungen auf den Seiten 12 und 13.

1 Bestimmen Sie die Lösung der Gleichung.

a) $22x + (3x - 19) - (11x - 15) = 25 - (17 - 13x)$

b) $10 + x \cdot (x - 5) = (x + 2) \cdot (x - 3)$

c) $3 \cdot (x + 2) + (x + 1)^2 = (x - 1) \cdot (x - 2) - 3$

d) $4x \cdot (x - 1) = (2x + 4)(2x - 4)$

e) $\frac{1}{3}x - \frac{1}{4}x = \frac{1}{6}$

f) $\frac{x}{2} + 1 = \frac{1}{4} - x$

2 Lösen Sie die Formel nach allen Variablen auf.

a) Geschwindigkeit $v = \frac{s}{t}$

$s =$ ______ $t =$ ______

b) Umfang Rechteck $u = 2(a + b)$

$a =$ ______ $b =$ ______

3 Lösen Sie die Gleichung zeichnerisch.

$\frac{1}{3}x = 2$

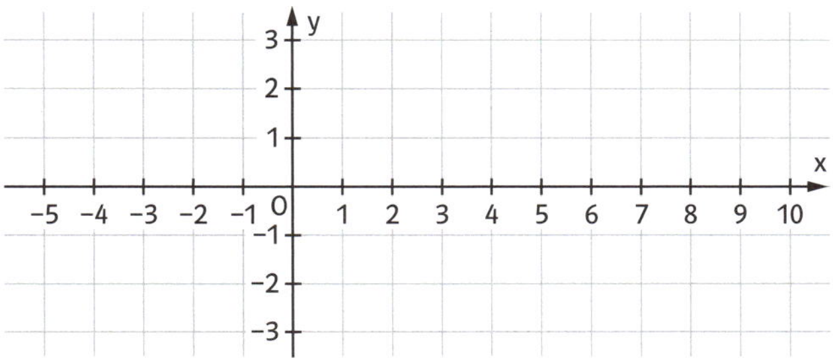

4 Frau Moritz möchte ein Elektro-Auto für 5 Tage mieten. Sie möchte 750 km fahren und nicht mehr als 500 € ausgeben. Ist das mit dem Angebot von E-MOBILITY möglich?

E-MOBILITY
Car to use

Pro Tag 59 €,
insgesamt 50 km frei,
jeder weitere Kilometer:
0,29 €

Musterlösungen

Mithilfe der Musterlösungen können Sie Ihre Testaufgaben kontrollieren.

1 Lineare Gleichungen mit einer Variablen lösen → 1

a) $22x + (3x - 19) - (11x - 15) = 25 - (17 - 13x)$ | Klammern auflösen
$22x + 3x - 19 - 11x + 15 = 25 - 17 + 13x$ | zusammenfassen
$14x - 4 = 8 + 13x$ | $-13x + 4$
$x = 12$

b) $10 + x \cdot (x - 5) = (x + 2) \cdot (x - 3)$ | Klammern auflösen
$10 + x^2 - 5x = x^2 - 3x + 2x - 6$ | zusammenfassen
$x^2 - 5x + 10 = x^2 - x - 6$ | $-x^2 + 5x + 6$
$16 = 4x$ | $:4$
$x = 4$

Gleichungen mit Binomen

c) $3 \cdot (x + 2) + (x + 1)^2 = (x - 1) \cdot (x - 2) - 3$ | 1. binomische Formel; Klammern auflösen
$3x + 6 + x^2 + 2x + 1 = x^2 - 2x - x + 2 - 3$ | zusammenfassen
$x^2 + 5x + 7 = x^2 - 3x - 1$ | $-x^2 + 3x - 7$
$8x = -8$ | $:8$
$x = -1$

d) $4x \cdot (x - 1) = (2x + 4)(2x - 4)$ | 3. binomische Formel anwenden
$4x^2 - 4x = 4x^2 - 16$ | $-4x^2$
$-4x = -16$ | $:(-4)$
$x = 4$

Gleichungen mit Brüchen

e) $\frac{1}{3}x - \frac{1}{4}x = \frac{1}{6}$ | $\cdot 12$ (Hauptnenner)
$\frac{1}{3}x \cdot 12 - \frac{1}{4}x \cdot 12 = \frac{1}{6} \cdot 12$ | kürzen
$4x - 3x = 2$
$x = 2$

f) $\frac{x}{2} + 1 = \frac{1}{4} - x$ | $\cdot 4$ (Hauptnenner)
$\frac{x}{2} \cdot 4 + 1 \cdot 4 = \frac{1}{4} \cdot 4 - x \cdot 4$ | kürzen
$2x + 4 = 1 - 4x$ | $-4 + 4x$
$6x = -3$ | $:6$
$x = -0{,}5$

2 Formeln auflösen → 2

a) Geschwindigkeitsformel nach s und nach t auflösen

$v = \frac{s}{t}$ | $\cdot t$
$s = v \cdot t$ | $:v$ Der Term ist nach s aufgelöst.
$t = \frac{s}{v}$ Der Term ist nach t aufgelöst.

b) Umfangsformel des Rechtecks nach a und nach b auflösen

$u = 2 \cdot (a + b)$ | Klammer auflösen
$u = 2a + 2b$ | $-2b$
$u - 2b = 2a$ | $:2$
$a = \frac{1}{2}u - b$ | $-a + b$ Die Formel ist nach a aufgelöst.
$b = \frac{1}{2}u - a$ Die Formel ist nach b aufgelöst.

> **Bei Termumformungen** muss man auf die Regeln achten, die in den vorigen Kapiteln besprochen wurden.

> **Äquivalenzumformungen**
> Um eine Gleichung zu lösen, muss man sie so lange umformen, bis x auf einer Seite alleine steht.
> Diese Umformungsschritte nennt man **Äquivalenzumformungen**.

> **Binomische Formeln**
> 1. $(a + b)^2 = a^2 + 2ab + b^2$
> 2. $(a - b)^2 = a^2 - 2ab + b^2$
> 3. $(a + b) \cdot (a - b) = a^2 - b^2$

> **Brüche in Gleichungen**
> Treten in Gleichungen Brüche auf, so ist es vorteilhaft, wenn man die Gleichung mit dem **Hauptnenner** durchmultipliziert. Nach dem Kürzen ist die Gleichung nennerfrei.

> **Formeln auflösen**
> Man behandelt die Formeln wie Gleichungen und wendet dieselben Termumformungen und Äquivalenzumformungen an.

3 Lineare Gleichungen rechnerisch lösen → 3

Die Gleichung $\frac{1}{3}x = 2$ kann entweder umgeformt werden in $\frac{1}{3}x - 2 = 0$ oder es wird der Schnittpunkt von $y = \frac{1}{3}x$ mit der Parallelen zur x-Achse $y = 2$ ermittelt. Der x-Wert des Schnittpunkts $x = 6$ ist die Lösung der Gleichung. Lösungsmenge ist $\mathbb{L} = \{6\}$.

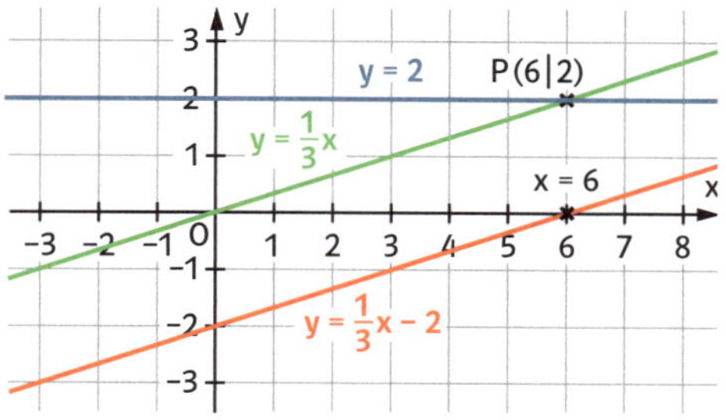

Zeichnerische Lösung
Lineare Gleichungen der Form $ax + c = 0$ kann man zeichnerisch lösen, indem man den Schnittpunkt der Geraden $y = ax + c$ mit der x-Achse ermittelt.

4 Sachprobleme rechnerisch lösen → 4

Zur Überprüfung des Angebots kann eine Gleichung aufgestellt werden.
Tagespauschale: 59,00 €
Preis pro gefahrenem km über 50 km: 0,29 €
Anzahl der gefahrenen km (ohne Freikilometer): x
Aufstellen einer Gleichung:

$$x \cdot 0{,}29\,€ + 5 \cdot 59{,}00\,€ = 500{,}00\,€ \quad |\ \text{Termumformung}$$
$$x \cdot 0{,}29\,€ + 295{,}00\,€ = 500{,}00\,€ \quad |\ -295{,}00\,€$$
$$x \cdot 0{,}29\,€ = 205{,}00\,€ \quad |\ :0{,}29\,€$$
$$x \approx 707$$

Mögliche Fahrstrecke: 707 km + 50 km = 757 km. Frau Moritz kann das Angebot wahrnehmen.
Alternative Lösung: $5 \cdot 59\,€ + 700 \cdot 0{,}29\,€ = 498\,€$

In Sachsituationen
Für Sachsituationen muss zunächst ein mathematisches Modell gefunden werden. Das Ergebnis der Berechnung muss anschließend anhand der Sachsituation überprüft werden.

Nehmen Sie nun die Selbsteinschätzung (B) auf Seite 11 vor.

Übungsaufgaben

Hier finden Sie sowohl Standardaufgaben, die den Testaufgaben ähneln, als auch vertiefende Aufgaben, die erhöhte Anforderungen erfordern. An einzelnen Stellen werden Themen aufbereitet, die einen Ausblick in die Oberstufe geben. Diese Stellen sind als Exkurs gekennzeichnet.

1 Lineare Gleichungen mit einer Variablen lösen → 1

Achten Sie auf die Klammern.

a) $5x - (3x - 2) = 11 - x$
x = ____

b) $(5x + 4) - 11 = 12x - (3x + 7)$
x = ____

c) $7(4x - 3) - 9(2x + 1) = 2(x - 9)$
x = ____

d) $(x + 6)(x - 1) = (x + 5)(x - 2)$
x = ____

Achten Sie auf die Binome.

e) $(x - 5)^2 = (x + 6)^2$
x = ____

f) $-(2x - 1)^2 = 8 - (2x + 1)^2$
x = ____

g) $(x + 3)^2 = (3x + 1)^2 - 2(2x - 2)^2$
x = ____

h) $(3x + 7)^2 - 1 = (5x + 3)(5x - 3) - (4x + 3)^2$
x = ____

Achten Sie auf die Brüche.

i) $\frac{7x}{5} - 4 = \frac{5x}{3}$
x = ____

j) $\frac{3x - 1}{3} - \frac{x - 4}{2} = \frac{5x}{6}$
x = ____

k) $\frac{5x - 8}{2} - \frac{2x + 7}{3} = 3x - 11$
x = ____

l) $\frac{x + 4}{3} - \frac{x - 4}{5} = 2 + \frac{3x - 1}{15}$
x = ____

2 Formeln auflösen → 2

Lösen Sie die Formel nach ihren Variablen auf.

a) $A = a \cdot b$ Flächeninhalt Rechteck

a = ______ b = ______

b) $V = a^2 \cdot h$ Volumen quadratisches Prisma

h = ______ a = ______

c) $A = \frac{1}{2} \cdot (a + c) \cdot h$ Flächeninhalt Trapez

a = ______ h = ______

d) $V = \frac{1}{3}\pi \cdot r^2 \cdot h$ Volumen Kegel

h = ______ r = ______

e) $F = \frac{m v^2}{r}$ Zentripetalkraft

m = ______ r = ______

v = ______

f) $v^2 = 2as$ beschleunigte Bewegung

v = ______

a = ______ s = ______

3 Zeichnerische Lösung von linearen Gleichungen → 3

Bestimmen Sie die Lösung der Gleichung zeichnerisch.

a) $2x - 4 = 0$

x = ______

b) $x + 2 = 0$

x = ______

c) $-\frac{1}{2}x + 3 = 0$

x = ______

d) $\frac{2}{3}x = 2$

x = ______

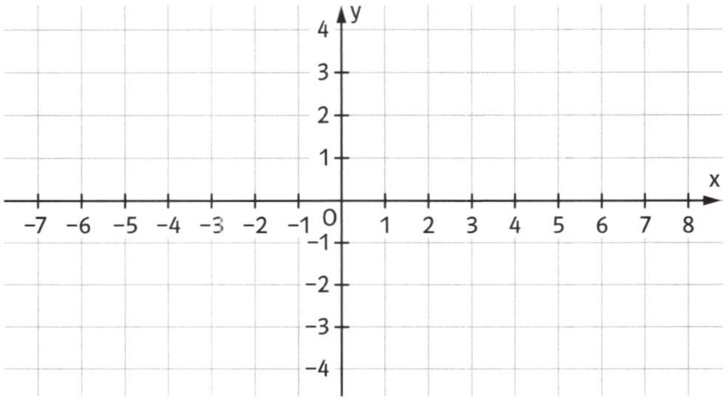

Exkurs – Lineare Ungleichungen → 1

4 a) Lösen Sie die Ungleichung zeichnerisch und stellen Sie die Lösungen an einer Zahlengeraden dar.

$x - 3 < 0$

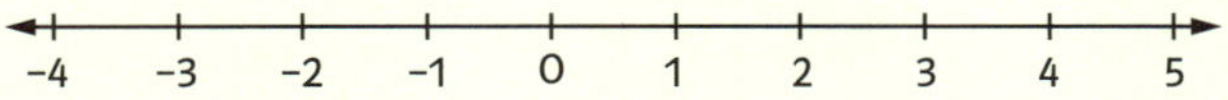

$x + 1 > 0$

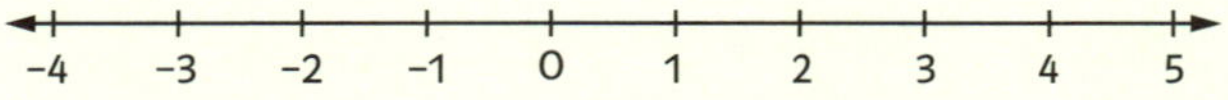

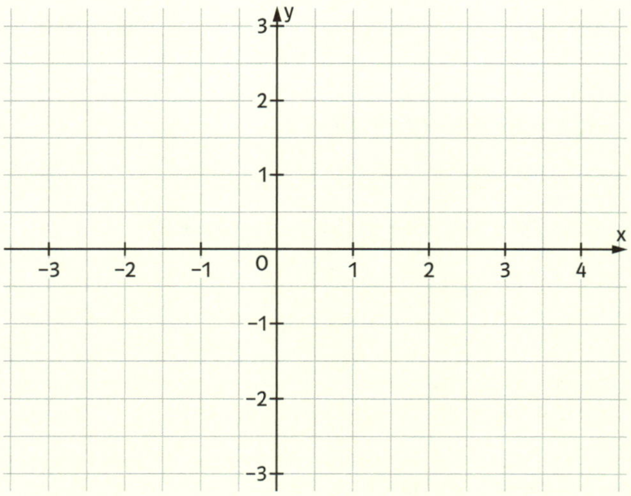

Sind zwei Terme durch ein <, ≤ , > oder ≥-Zeichen miteinander verknüpft, so spricht man von einer **Ungleichung**.

Zeichnerische Lösung:
Beispiel: $\frac{1}{2}x - 1 < 0$

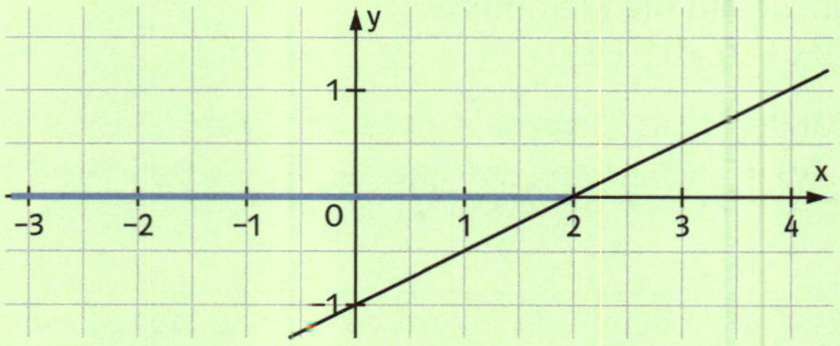

Der linke Term wird als lineare Funktion aufgefasst und im Koordinatensystem dargestellt.
Alle Zahlen kleiner als 2 sind für diese Ungleichung Lösungen.
Man kann die Lösungen auch geschickt an einer Zahlengeraden darstellen.

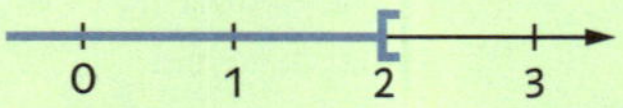

Man schreibt für die Lösungsmenge:
$\mathbb{L} = \{x \mid x < 2\}$

b) Lösen Sie die Ungleichung rechnerisch und stellen Sie die Lösungen an einer Zahlengeraden dar.

$5x + 1 > 3x - 5$

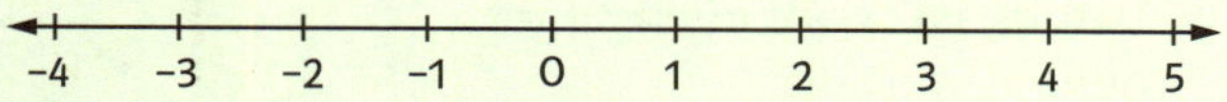

$2(x + 1) > 5$

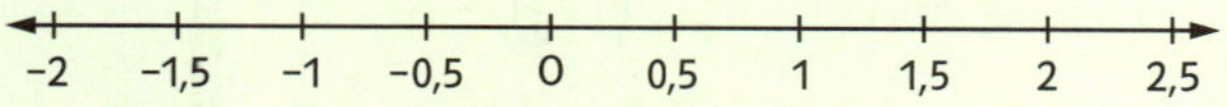

Rechnerische Lösung:
Ungleichungen können rechnerisch mithilfe derselben Äquivalenzumformungen gelöst werden wie Gleichungen, es gilt jedoch eine Ausnahme:
Wird auf beiden Seiten der Ungleichung mit einer negativen Zahl multipliziert oder dividiert, so muss man das Ungleichheitszeichen umdrehen.
Beispiel:

		Alternativ:	
$5 - 5x < 20$	$\mid +5x - 20$	$5 - 5x < 20$	$\mid -5$
$-15 < 5x$	$\mid :5$	$-5x < 15$	$\mid :(-5)$
$-3 < x$		$x > -3$	
$x > -3$			

$\mathbb{L} = \{x \mid x > -3\}$

5 Sachprobleme rechnerisch lösen → 4

a) Frau Köhler reist häufig mit der Bahn zu ihren Enkelkindern. Der Normalpreis für die Hin- und Rückfahrt beträgt 120,00 €.
Sie möchte wissen, ab wie vielen Fahrten sich die BahnCard 25, die BahnCard 50 bzw. die BahnCard 100 lohnt.

Die BahnCard 25 kostet jährlich 62,00 €, sie ermäßigt jeden Fahrpreis im Fernverkehr um 25 %.
Die BahnCard 50 kostet jährlich 255,00 €, sie ermäßigt jeden Fahrpreis im Fernverkehr um 50 %.
Die BahnCard 100 kostet pro Jahr 4395 €. Mit ihr kann man unbegrenzt reisen.

Was beschreibt die Variable x?

Lösen Sie die Gleichung in der Tabelle.

	Bahncard 25
Preisreduzierung	25 %
Kosten BahnCard	62,00 €
Preis pro Reise	120,00 € · 0,75
Mögliche Gleichung	120,00 € · x = 120,00 € · x · 0,75 + 62,00 €

Stellen Sie für die BahnCard 50 bzw. die BahnCard 100 jeweils eine Gleichung auf.

Ab wie vielen Reisen lohnt sich die jeweilige BahnCard für Frau Köhler?

Herr Müller muss mehrmals im Jahr zur Zentrale reisen. Für eine Hin- und Rückfahrt bezahlt er 300 €. Ab wie vielen Geschäftsreisen ist die BahnCard 100 günstiger als die BahnCard 50?

b) Familie Welz möchte mit einem Wohnmobil eine zweiwöchige Europa-Reise unternehmen. Dazu vergleicht sie zwei Angebote.

EUROTOUR
Gesamtpreis ohne Kilometerbegrenzung
2490,00 €

EuroCamper
Mietpreis Mobil
1500,00 €
(mit 2000 Freikilometern)

Mehrpreis pro km	0,39 €
Übergabepauschale	150,00 €

Für welches Angebot soll sich Familie Welz entscheiden, wenn die Reise an die 2500 km entfernte Algarve in Portugal gehen soll?

Nehmen Sie nun die Selbsteinschätzung (C) auf Seite 11 vor.

Dieses Kapitel ermöglicht Ihnen, alle wichtigen Aspekte im Umgang mit quadratischen Gleichungen zu wiederholen und intensiv zu üben.

(A) Schätzen Sie sich zunächst selbst ein. Bearbeiten Sie die Testaufgaben und werten Sie sie mithilfe der Musterlösungen aus.

(B) Schätzen Sie sich erneut selbst ein. Nun können Sie gezielt und effektiv üben.

(C) Schätzen Sie sich am Ende des Kapitels erneut ein.

Quadratische Gleichungen sollten Sie im Schlaf lösen können:

$ax^2 + bx + c = 0$

Lösung ist $x_{1,2} = \frac{-b \pm \sqrt{b^2 - 4ac}}{2a}$

oder

$x^2 + px + q = 0$

Lösung ist $x_{1,2} = -\frac{p}{2} \pm \sqrt{\left(-\frac{p}{2}\right)^2 - q}$

Selbsteinschätzung

Ich kann …	spontan (A)	nach den Testaufgaben (B)	am Ende des Kapitels (C)
1 Gleichungen der Form $ax^2 + c = 0$ sicher lösen.	☺😐☹	☺😐☹	☺😐☹
2 gemischt quadratische Gleichungen mit der Lösungsformel sicher lösen.	☺😐☹	☺😐☹	☺😐☹
3 quadratische Gleichungen, in denen Klammern vorkommen, sicher lösen.	☺😐☹	☺😐☹	☺😐☹
4 überprüfen, ob eine Zahl Lösung einer quadratischen Gleichung ist.	☺😐☹	☺😐☹	☺😐☹

Testaufgaben

Mithilfe der Aufgaben 1 bis 4 überprüfen Sie Ihre Selbsteinschätzung (A). Bearbeiten Sie dazu die Testaufgaben. Kontrollieren Sie sie mithilfe der Musterlösungen auf den Seiten 17 und 18.

1 Bestimmen Sie die Lösungen der rein quadratischen Gleichung.

a) $x^2 = 121$ ______

b) $2x^2 - 18 = 110$ ______

c) $8x^2 + 13 = -3$ ______

d) $(3x + 1)(3x - 1) = -1$ ______

2 Bestimmen Sie die Lösungen der quadratischen Gleichung mithilfe der Lösungsformel.

a) $x^2 - 8x + 15 = 0$

x_1 = ______ und x_2 = ______

b) $3x^2 - 9x + 6 = 0$

x_1 = ______ und x_2 = ______

c) $2x^2 + 32 = 16x$

x_1 = ______ und x_2 = ______

3 Lösen Sie die quadratische Gleichung.

a) $x(3x + 2) + 1 = -(x - 7)$

______

______

x_1 = ______ und x_2 = ______

b) $(2x - 6)(2x + 6) = 4(3x + 1)$

______

______

x_1 = ______ und x_2 = ______

4 Prüfen Sie, ob die gegebene Zahl Lösung der Gleichung ist.

a) $x = 7$ für $x(x + 1) = 4(x + 7)$ ______

b) $x = -3$ für $9 + 2x - x^2 = 2x$ ______

c) $x = -1$ für $14x - (x + 3)^2 = 3(x^2 - 8)$ ______

Musterlösungen

Mithilfe der Musterlösungen können Sie Ihre Testaufgaben kontrollieren.

1 Rein quadratische Gleichungen → 1

a) $x^2 = 121 \quad | \sqrt{\ }$

$x_{1,2} = \pm\sqrt{121}$

$x_1 = +\sqrt{121}$ und $x_2 = -\sqrt{121}$

$x_1 = +11$ und $x_2 = -11$

b) $2x^2 - 18 = 110 \quad | +18$

$2x^2 = 128 \quad | :2$

$x^2 = 64 \quad | \sqrt{\ }$

$x_1 = +\sqrt{64}$ und $x_2 = -\sqrt{64}$

$x_1 = +8$ und $x_2 = -8$

c) $8x^2 + 13 = -3 \quad | -13$

$8x^2 = -16 \quad | :8$

$x^2 = -2$

Diese Gleichung hat keine Lösung. *Die Lösungsmenge ist leer, da die Wurzel einer negativen Zahl nicht existiert.*

d) $(3x + 1)(3x - 1) = -1$

$9x^2 - 1 = -1 \quad | +1$

$9x^2 = 0 \quad | :9$

$x^2 = 0 \quad | \sqrt{\ }$

$x_1 = 0$ und $x_2 = 0$

Die Gleichung hat nur eine Lösung.

Rein quadratische Gleichungen
Quadratische Gleichungen der Form $ax^2 + c = 0$ nennt man **rein quadratisch**.

Lösungsverfahren für quadratische Gleichungen
Man löst die Gleichung nach x^2 auf und zieht dann die Wurzel.

Lösungsvielfalt
Der Wert von x^2 entscheidet über die Anzahl der Lösungen.

$x^2 = 0$ 1 Lösung
$x^2 < 0$ keine Lösung
$x^2 > 0$ zwei Lösungen

2 Lösen von quadratischen Gleichungen mit der Lösungsformel → 2

Variante 1: abc-Formel

a) $x^2 - 8x + 15 = 0$

$a = 1;\ b = -8;\ c = 15$

$x_{1,2} = \frac{-(-8) \pm \sqrt{(-8)^2 - 4 \cdot 1 \cdot 15}}{2 \cdot 1}$

$x_{1,2} = \frac{8 \pm 2}{2}$

$x_1 = 5$ und $x_2 = 3$

b) $3x^2 - 9x + 6 = 0$

$x_{1,2} = \frac{-(-9) \pm \sqrt{(-9)^2 - 4 \cdot 3 \cdot 6}}{2 \cdot 3}$

$x_{1,2} = \frac{-(-9) \pm \sqrt{81 - 72}}{2 \cdot 3}$

$x_{1,2} = \frac{9 \pm 3}{6}$

$x_1 = 2$ und $x_2 = 1$

c) $2x^2 + 32 = 16x \quad | -16x$

$2x^2 - 16x + 32 = 0$

$x_{1,2} = \frac{-(-16) \pm \sqrt{(-16)^2 - 4 \cdot 2 \cdot 32}}{2 \cdot 2}$

$x_{1,2} = \frac{16 \pm \sqrt{256 - 256}}{4}$

$x_{1,2} = \frac{16 \pm 0}{4}$

$x_1 = x_2 = 4$

Variante 2: pq-Formel

a) $x^2 - 8x + 15 = 0$

$p = -8;\ q = 15$

$x_{1,2} = -\left(\frac{-8}{2}\right) \pm \sqrt{\left(\frac{-8}{2}\right) - 15}$

$x_{1,2} = 4 \pm 1$

$x_1 = 5$ und $x_2 = 3$

b) $3x^2 - 9x + 6 = 0 \quad | :3$

$x^2 - 3x + 2 = 0$

$x_{1,2} = +\frac{3}{2} \pm \sqrt{\left(\frac{3}{2}\right)^2 - 2}$

$x_{1,2} = +\frac{3}{2} \pm \frac{1}{2}$

$x_1 = 2$ und $x_2 = 1$

c) $2x^2 + 32 = 16x \quad | -16x$

$2x^2 - 16x + 32 = 0 \quad | :2$

$x^2 - 8x + 16 = 0$

$x_{1,2} = +4 \pm \sqrt{4^2 - 16}$

$x_{1,2} = +4 \pm 0$

$x_1 = x_2 = 4$

Lösungsformeln für quadratische Gleichungen

Quadratische Gleichungen der Form $ax^2 + bx + c = 0$ können mit der **abc-Formel** („Mitternachtsformel")

$x_{1,2} = \frac{-b \pm \sqrt{b^2 - 4ac}}{2a}$

gelöst werden.

Quadratische Gleichungen der Form $x^2 + px + q = 0$ können mit der **pq-Formel**

$x_{1,2} = -\frac{p}{2} \pm \sqrt{\left(\frac{p}{2}\right)^2 - q}$

gelöst werden.

Vorsicht:
Vor Anwendung der pq-Formel muss die Gleichung zuerst in die **normierte Form** $x^2 + px + q = 0$ umgeformt werden.

Die abc-Formel lässt sich direkt anwenden.

3 Gemischt quadratische Gleichungen → 3

Variante 1: abc-Formel

a) $x(3x+2)+1=-(x-7)$

$3x^2+2x+1=-x+7 \quad | +x-7$

$3x^2+3x-6=0$

$x_{1,2}=\frac{-3\pm\sqrt{3^2-4\cdot3\cdot(-6)}}{2\cdot3}$

$x_{1,2}=\frac{-3\pm\sqrt{9-(-72)}}{6}$

$x_{1,2}=\frac{-3\pm9}{6}$

$x_1=1$ und $x_2=-2$

b) $(2x-6)(2x+6)=4(3x+1)$

$4x^2-36=12x+4 \quad | -12x-4$

$4x^2-12x-40=0$

$x_{1,2}=\frac{-(-12)\pm\sqrt{(-12)^2-4\cdot4\cdot(-40)}}{2\cdot4}$

$x_{1,2}=\frac{12\pm\sqrt{144+640}}{8}$

$x_{1,2}=\frac{12\pm28}{8}$

$x_1=\frac{40}{8}=5$ und $x_2=-\frac{16}{8}=-2$

Variante 2: pq-Formel

a) $x(3x+2)+1=-(x-7)$

$3x^2+2x+1=-x+7 \quad | +x-7$

$3x^2+3x-6=0 \quad | :3$

$x^2+x-2=0$

$x_{1,2}=-\frac{1}{2}\pm\sqrt{\left(\frac{1}{2}\right)^2-(-2)}$

$x_{1,2}=-\frac{1}{2}\pm\frac{3}{2}$

$x_1=1$ und $x_2=-2$

b) $(2x-6)(2x+6)=4(3x+1)$

$4x^2-36=12x+4 \quad | -12x-4$

$4x^2-12x-40=0 \quad | :4$

$x^2-3x-10=0$

$x_{1,2}=-\left(-\frac{3}{2}\right)\pm\sqrt{\left(-\frac{3}{2}\right)^2-(-10)}$

$x_{1,2}=1,5\pm\sqrt{2,25+10}$

$x_{1,2}=1,5\pm3,5$

$x_1=5$ und $x_2=-2$

Diskriminante
Der Term unter dem Wurzelzeichen wird als Diskriminante D bezeichnet.

Für die **abc-Formel** gilt:
$D=b^2-4ac$

Für die **pq-Formel** gilt:
$D=\left(\frac{p}{2}\right)^2-q$

Mit diesem Wert kann man die Anzahl der Lösungen bestimmen.

4 Lösungen überprüfen → 4

a) $x(x+1)=4(x+7)$

Probe für $x=7$:

Linke Seite: $7\cdot(7+1)=56$

Rechte Seite: $4\cdot7+7=56$

Beide Ergebnisse sind gleich, nämlich 56. Die Zahl 7 ist Lösung der Gleichung.

b) $9+2x-x^2=2x$

Probe für $x=-3$:

Linke Seite: $9+2\cdot(-3)-(-3)^2=-6$

Rechte Seite: $2\cdot(-3)=-6$

Beide Ergebnisse sind gleich, nämlich −6. Die Zahl −3 ist Lösung der quadratischen Gleichung.

c) $14x-(x+3)^2=3(x^2-8)$

Probe für $x=-1$:

Linke Seite: $14\cdot(-1)-((-1)+3)^2=-14-(2)^2=-14-4=-18$

Rechte Seite: $3\cdot((-1)^2-8)=3\cdot(-7)=-21$

Die Ergebnisse −18 und −21 sind verschieden; −1 ist keine Lösung der quadratischen Gleichung.

Probe
Zur Kontrolle kann man eine Probe machen, indem man die Lösung in die ursprüngliche Gleichung einsetzt.

Nehmen Sie nun die Selbsteinschätzung (B) auf Seite 16 vor.

Übungsaufgaben

Hier finden Sie sowohl Standardaufgaben, die den Testaufgaben ähneln, als auch vertiefende Aufgaben, die erhöhte Anforderungen erfordern. An einzelnen Stellen werden Themen aufbereitet, die einen Ausblick in die Oberstufe geben. Diese Stellen sind als Exkurs gekennzeichnet.

1 Rein quadratische Gleichungen → 1

Bestimmen Sie die Anzahl der Lösungen und lösen Sie die Gleichung.

a) $(4x-1)^2=(x-4)^2$

b) $5x^2+5=0$

c) $12(x^2-4)=3x^2-48$

d) $6x-(3x-4)(3x+4)=2(3x+2)+3$

2 Gemischt quadratische Gleichungen → 2

Lösen Sie die Gleichung.

a) $x^2 + 3x - 4 = 0$

b) $x^2 + 6x = -9$

c) $x^2 - x - 20 = 0$

d) $x^2 - 2x - 8 = 0$

e) $2x^2 - 2x - 24 = 0$

f) $\frac{1}{2}x^2 - 2x - 6 = 0$

3 Gemischt quadratische Gleichungen → 2

Lösen Sie die Gleichung mit der abc-Formel.

a) $8x^2 + 2x - 3 = 0$

b) $3x^2 - 7x + 2 = 0$

c) $12x^2 + x - 6 = 0$

d) $-\frac{1}{3}x^2 + 2x - \frac{5}{3} = 0$

e) $\frac{3}{10}x^2 - \frac{3}{5}x - 24 = 0$

f) $\frac{2}{3} + 2x + 1{,}5x^2 = 0$

Exkurs – Untersuchung der Diskriminante → 2

4 Bestimmen Sie die Anzahl der Lösungen.

a) $x^2 + 5x + 6 = 0$

b) $5x^2 - 6x - 7 = 0$

c) $3x^2 - 6x + 3 = 0$

d) $\frac{1}{5}x^2 - x + 2 = 0$

e) $\frac{2}{3}x^2 + 4x + 6 = 0$

Um durch Rechnung festzustellen, ob eine quadratische Gleichung zwei, eine oder keine Lösung hat, untersucht man die Diskriminante D der Lösungsformel.

Bei der pq-Formel ist D:

$D = \left(\frac{p}{2}\right)^2 - q$

Bei der abc-Formel ist D:

$D = b^2 - 4ac$

2 Lösungen für	$D > 0$
1 Lösung für	$D = 0$
keine Lösung für	$D < 0$

5 Quadratische Gleichungen → 3

Lösen Sie die Gleichung.

a) $(x - 1)(2x + 2) = (x - 4)^2 + 2$

b) $(4 - x)^2 = 9 - 4x(x - 1)$

c) $x(3x - 15) - 3(x - 10) = 4x - (3 - x)^2 - 1$

d) $2(x + 3)^2 - 2(x + 3)(x - 3) = (2x + 3)^2 - 37$

e) $14x - (x + 3)^2 = 3(x^2 - 1) - 2$

f) $(4 - 3x)^2 - (3 - 2x)^2 = 3$

g) $4x(x + 2) - 8 = 3(x^2 + 4)$

h) $(2x - 5)^2 - 2(x - 1)(x + 1) = -25$

Exkurs – Der Satz vom Nullprodukt → 3

6 Lösen Sie die Gleichung vorteilhaft.

a) $x^2 + 5x = 0$

b) $2x^2 - 6x = 0$

c) $x^2 = 4x$

d) $(x + 3)^2 = 0$

e) $2(x - 5)^2 = 0$

f) $(3x - 6)(2x + 3) = 0$

g) $3x^2 - 4x = x^2 + 5x$

Wenn ein Produkt den Wert null hat, muss mindestens einer der Faktoren den Wert null haben. D.h., wenn $a \cdot b = 0$ ist, dann ist entweder $a = 0$ oder $b = 0$ oder beide Faktoren haben den Wert null.

Manche quadratische Gleichungen können Sie vorteilhaft durch Ausklammern und unter Beachtung des Satzes vom Nullprodukt lösen.

Beispiel $x^2 - 3x = 0$ | x ausklammern

$x(x - 3) = 0$

Es muss entweder $x = 0$ oder $x - 3 = 0$ sein.
Also sind $x_1 = 0$ und $x_2 = 3$ die Lösungen der Gleichung.

Exkurs – Bruchgleichungen

7 Bestimmen Sie die Definitionsmenge D und die Lösungsmenge $\mathbb{L}$ der Bruchgleichung.

a) $\frac{4}{x} - 1 = \frac{x - 10}{4}$

b) $\frac{x^2}{4x} + \frac{x - 2}{2x} = \frac{1}{x}$

c) $\frac{6}{x^2 - 4x} = 1 + \frac{1}{x}$

d) $\frac{1}{x - 1} = \frac{x^2}{2x - 2} - 1$

e) $\frac{3}{x + 2} = \frac{x - 1}{2x + 4}$

f) $\frac{4}{x} + 1 = \frac{8 - x}{x - 2}$

Gleichungen, bei den die Variable im Nenner vorkommt, nennt man **Bruchgleichungen**.
Lösungsweg:

1. **Definitionsmenge D** bestimmen. Zu ihr gehören alle Zahlen, die in die Bruchterme eingesetzt werden dürfen.
2. Durch Multiplizieren mit dem **Hauptnenner** erhält man eine Gleichung ohne Bruchterme.
3. Dann gleicht man die Lösungen mit der Definitionsmenge ab.
4. Die **Lösungsmenge** wird angegeben.

Beispiel $\frac{x^2 - 1}{2x} = \frac{1}{x} + 1$

Definitionsmenge $D = \mathbb{R}\setminus\{0\}$

$\frac{x^2 - 1}{2x} = \frac{1}{x} + 1$ | $\cdot 2x$ (Hauptnenner)

$x^2 - 1 = 2 + 2x$ | $-2x - 2$

$x^2 - 2x - 3 = 0$ | pq-Formel

$x_{1,2} = 1 \pm \sqrt{1^2 - (-3)}$

$x_1 = 3;\ x_2 = -1$

Die Zahlen 3 und −1 gehören zur Definitionsmenge.
Damit sind sie Lösungen der Bruchgleichung.
Lösungsmenge $\mathbb{L} = \{-1; 3\}$

8 Bei welcher der Gleichungen ist die abc-Formel vorteilhafter? Lösen Sie die Gleichung. → 2

a) $6x^2 + 4x - 16 = 0$

b) $x^2 + x - 20 = 0$

c) $3x^2 - 4x - 4 = 0$

d) $\frac{1}{2}x^2 - 2x - 30 = 0$

e) $(x - 2)(3x + 1) + 2x(x + 1) = 0$

f) $(x - 3)^2 + x(5x + 4) = 13$

Exkurs – Linearfaktoren und Nullstellenform → 3

9 Gleichungen in Linearform

a) Bestimmen Sie die Lösung der Gleichung.

$(x + 1)(x + 6) = 0$

$(x - 2)(x + 3) = 0$

$x(x - 5) = 0$

$(2x + 8)(6 - 3x) = 0$

$(2x + 5)(5x - 2) = 0$

$3(4x - 5)(6 + 7x) = 0$

b) Stellen Sie die zu den vorgegebenen Lösungen zugehörige quadratische Gleichung auf. Bringen Sie die Gleichung auf Normalform.

$x_1 = 5$ und $x_2 = 3$

$x_1 = -2$ und $x_2 = -3$

$x_1 = -\frac{1}{2}$ und $x_2 = \frac{1}{3}$

Nullstellenform

Die Darstellung einer quadratischen Gleichung in der Form

$(x - x_1)(x - x_2) = 0$

bezeichnet man als Produkt von Linearfaktoren oder Nullstellenform.
Aus dieser Darstellung einer quadratischen Gleichung kann man die Lösungen direkt ablesen.
Aufgrund des Satzes vom Nullprodukt sind x_1 und x_2 die Lösungen der Gleichung.

Beispiel:
$(x + 3)(x - 4) = 0$
Hier können die Lösungen der quadratischen Gleichung direkt bestimmt werden.
$x_1 = -3$ und $x_2 = 4$

Mithilfe der Lösungen einer quadratischen Gleichung kann die Gleichung bestimmt werden.

Beispiel:
Die Lösungen einer quadratischen Gleichung sind $x_1 = 2$ und $x_2 = -5$.
Daraus ergibt sich die quadratische Gleichung als Produkt von Linearfaktoren
$(x - 2)(x + 5) = 0$
$x^2 - 2x + 5x - 10 = 0$
Die Normalform lautet dann:
$x^2 + 3x - 10 = 0$.

10 Lösungen überprüfen → 4

Prüfen Sie, ob die gegebene Zahl Lösung der Gleichung ist.

a) $x = 2$ für $2x - 6 = 4(1 - x) + x$

b) $x = \frac{1}{3}$ für $3x^2 + 5 = 3(x^2 + 2) - 1$

c) $x = -3$ für $2x^2 - 6x = -3(9 + 2x) - x^2$

d) $x = 0$ für $\frac{x}{x + 1} + 2 = \frac{4x - 2}{x - 1}$

Nehmen Sie nun die Selbsteinschätzung (C) auf Seite 16 vor.

Dieses Kapitel ermöglicht Ihnen, alle wichtigen Aspekte im Umgang mit linearen Funktionen zu wiederholen und intensiv zu üben.

(A) Schätzen Sie sich zunächst selbst ein.
Bearbeiten Sie die Testaufgaben und werten Sie sie mithilfe der Musterlösungen aus.

(B) Schätzen Sie sich erneut selbst ein. Nun können Sie gezielt und effektiv üben.

(C) Schätzen Sie sich am Ende des Kapitels erneut ein.

Selbsteinschätzung

Ich kann ...	spontan (A)	nach den Testaufgaben (B)	am Ende des Kapitels (C)
1 die Gleichung einer Geraden angeben, die im Koordinatensystem abgebildet ist.	☺ 😐 ☹	☺ 😐 ☹	☺ 😐 ☹
2 zu einer gegebenen Geradengleichung der Form $y = mx + c$ die zugehörige Gerade in ein Koordinatensystem einzeichnen.	☺ 😐 ☹	☺ 😐 ☹	☺ 😐 ☹
3 die Lage zweier Geraden anhand ihrer Gleichungen erkennen.	☺ 😐 ☹	☺ 😐 ☹	☺ 😐 ☹
4 die Gleichung einer Geraden in der Form $y = mx + c$ bestimmen, wenn die Steigung bzw. der y-Achsenabschnitt und ein Punkt der Geraden gegeben sind.	☺ 😐 ☹	☺ 😐 ☹	☺ 😐 ☹
5 die Gleichung einer Geraden in der Form $y = mx + c$ bestimmen, wenn zwei Punkte der Geraden gegeben sind.	☺ 😐 ☹	☺ 😐 ☹	☺ 😐 ☹

Testaufgaben

Mithilfe der Aufgaben 1 bis 5 überprüfen Sie Ihre Selbsteinschätzung (A). Bearbeiten Sie dazu die Testaufgaben. Kontrollieren Sie sie mithilfe der Musterlösungen auf den Seiten 23 bis 25.

1 Bestimmen Sie die Gleichungen der abgebildeten Geraden in der Form $y = mx + c$.

g: ______________ h: ______________

i: ______________ j: ______________

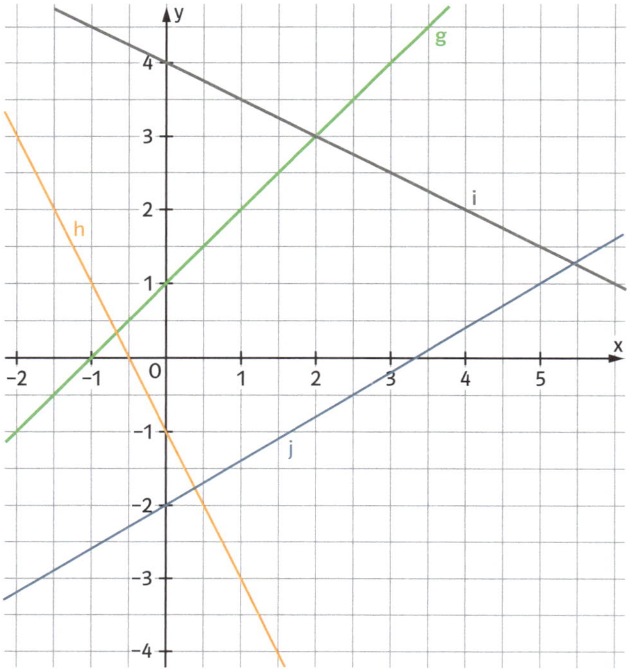

2 Zeichnen Sie die Geraden g bis j mit der jeweiligen Farbe in das Koordinatensystem.

g: $y = x - 3{,}5$ h: $y = -x + 2{,}5$

i: $y = -\frac{1}{2}x - 0{,}5$ j: $y = \frac{2}{3}x + 1{,}5$

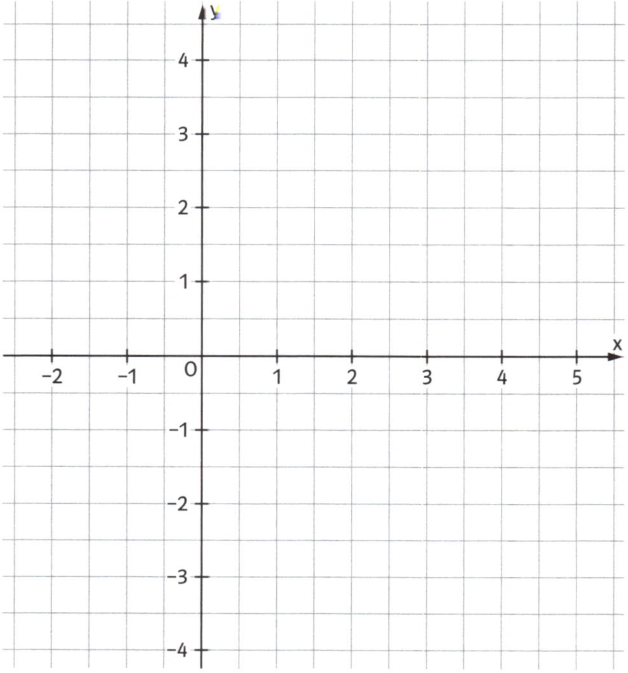

3 Welche Geraden verlaufen zueinander parallel, welche zueinander senkrecht?

a) g: $y = \frac{1}{2}x + 2{,}5$ und h: $y = \frac{1}{2}x + 1$

b) g: $y = -\frac{1}{3}x + 3{,}5$ und h: $y = 3x + 1$

4 Bestimmen Sie die Gleichung der Geraden in der Form $y = mx + c$.

a) Die Gerade g mit $m = 2$ verläuft durch $P(3|5)$.

b) Die Gerade h mit $c = -5{,}5$ verläuft durch $P(-1|-4)$.

5 Die Gerade g verläuft durch die Punkte P und Q. Bestimmen Sie die Steigung und die Gleichung der Geraden.

a) $P(5|11)$; $Q(3|7)$

b) $P(4|-5)$; $Q(-2|7)$

Musterlösungen

Mithilfe der Musterlösungen können Sie Ihre Testaufgaben kontrollieren.

1 Zum Schaubild die Geradengleichung bestimmen → 1

Gerade g

y-Achsenabschnitt ist $c = 1$.

Am eingezeichneten Steiungsdreieck geht man 1 Einheit nach rechts und 1 Einheit nach oben.

Die Steigung ist somit $m = 1$.

Die Gerade g ist: $y = x + 1$.

Gerade h

y-Achsenabschnitt ist $c = -1$.

Am eingezeichneten Steigungsdreieck geht man 1 Einheit nach rechts und 2 Einheiten nach unten.

Die Steigung ist somit $m = -2$.

Die Gerade h ist: $y = -2x - 1$.

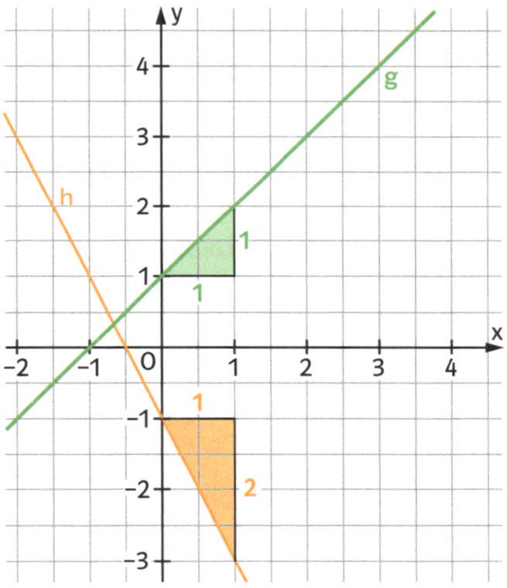

Normalform einer Geraden g
g: $y = mx + c$

y-Achsenabschnitt c
Die Gerade schneidet die y-Achse in $P(0|c)$.

Steigung m
Eine Einheit nach rechts und
- m Einheiten nach oben (wenn $m > 0$)
- m Einheiten nach unten (wenn $m < 0$)

Gerade i

y-Achsenabschnitt ist $c = 4$.

Am Steigungsdreieck geht man 2 Einheiten nach rechts und 1 Einheit nach unten.

Somit ist die Steigung $m = -\frac{1}{2}$.

Die Gerade i ist: $y = -\frac{1}{2}x + 4$.

Gerade j

y-Achsenabschnitt ist $c = -2$.

Mit den Punkten $P(0|-2)$ und $Q(5|1)$ hat man geeignete Punkte für ein Steigungsdreieck. Man geht von P um 5 Einheiten nach rechts (Wert des Nenners) und 3 Einheiten nach oben (Wert des Zählers).

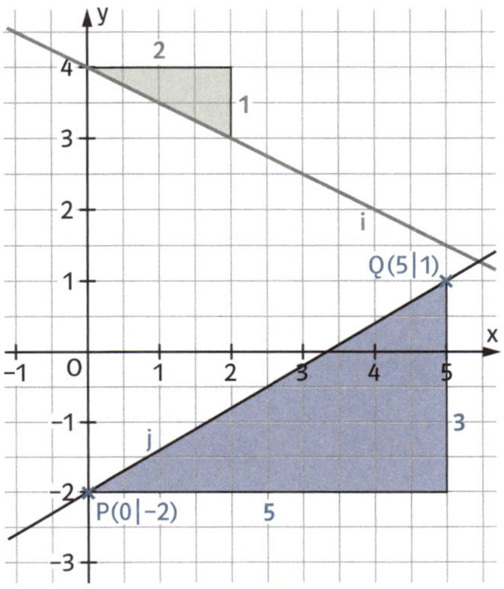

Steigungsdreieck bei Brüchen
Wenn die Steigung als Bruch $m = \frac{z}{n}$ dargestellt ist, wobei $n \in \mathbb{N}$ und $z \in \mathbb{Z}$, kann man das Steigungsdreieck so folgt einzeichnen:

Wenn $z > 0$:

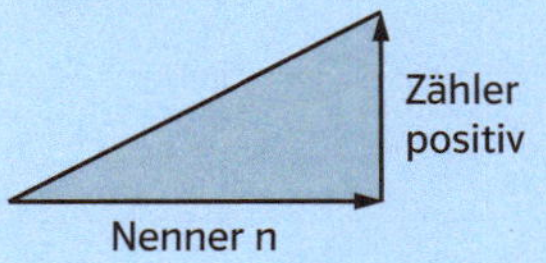

Wenn $z < 0$:

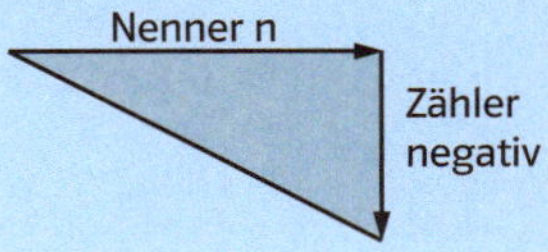

Somit ist die Steigung $m = \frac{3}{5}$. Die Gerade j ist: $y = \frac{3}{5}x - 2$.

2 Zu Geradengleichung Schaubild zeichnen → 2

Zum Zeichnen der Geraden g benötigt man zwei Punkte. Für $x = 0$ ergibt sich der y-Achsenabschnitt $y = -3{,}5$. Die Gerade geht also durch $P(0\,|\,-3{,}5)$. Wählt man z. B. für $x = 2$, ergibt sich $y = -1{,}5$. Damit liegt $Q(2\,|\,-1{,}5)$ ebenfalls auf der Geraden.

Die Gerade h hat den y-Achsenabschnitt $y = 2{,}5$ und geht damit durch $R(0\,|\,2{,}5)$. Die Steigung ist $m = -1$. Man geht von R aus 1 Einheit nach rechts und 1 Einheit nach unten.

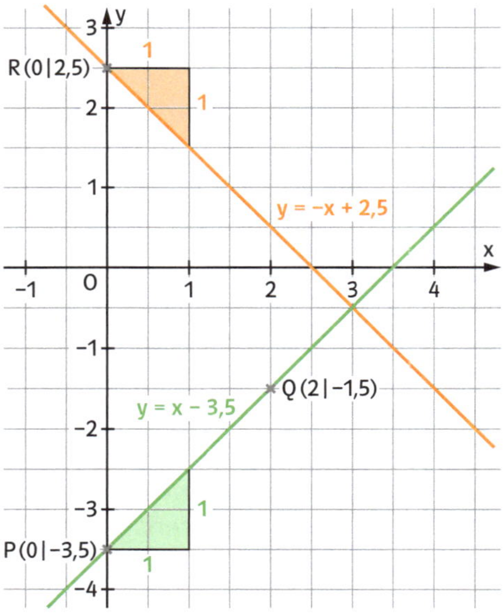

Zum Zeichnen der Geraden i trägt man den **y-Achsenabschnitt** mit $y = -0{,}5$ ins Koordinatensystem ein. Von dort aus zeichnet man ein **Steigungsdreieck** (1 Einheit nach rechts und eine halbe Einheit nach unten).

Zum Zeichnen der Geraden j kann man ausgehend von $P(0\,|\,1{,}5)$ ein Steigungsdreieck zeichnen. Da die Steigung ein Bruch ist, bietet es sich an, den Nennerwert (3 Einheiten) nach rechts und den Zählerwert (2 Einheiten) nach oben zu gehen.

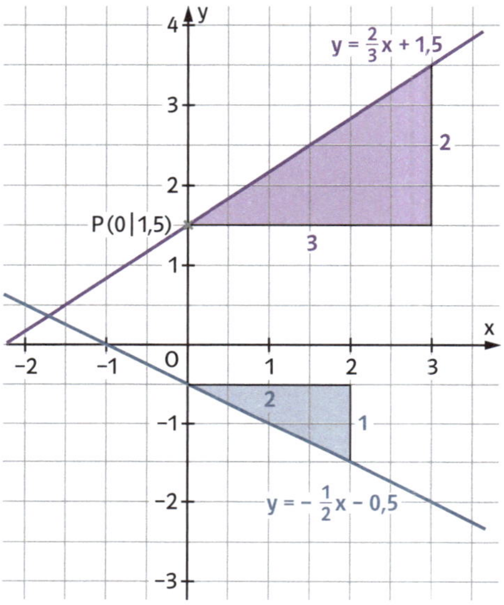

1. Möglichkeit
Man bestimmt mithilfe der Funktionsgleichung zwei Punkte auf dem Schaubild und verbindet diese zu einer Geraden.

2. Möglichkeit
Man zeichnet zunächst den y-Achsenabschnitt ein und trägt von dort aus ein Steigungsdreieck ein.

3. Möglichkeit
Um die Steigung einzutragen, kann man auch Kästchen benützen.

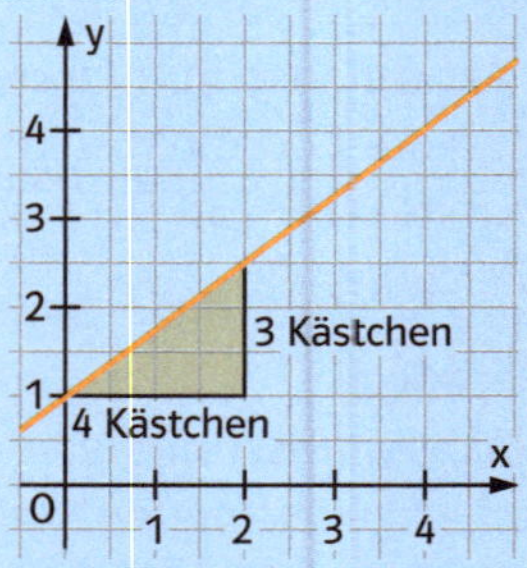

Hinweis: Das Steigungsdreieck muss nicht an der y-Achse beginnen.

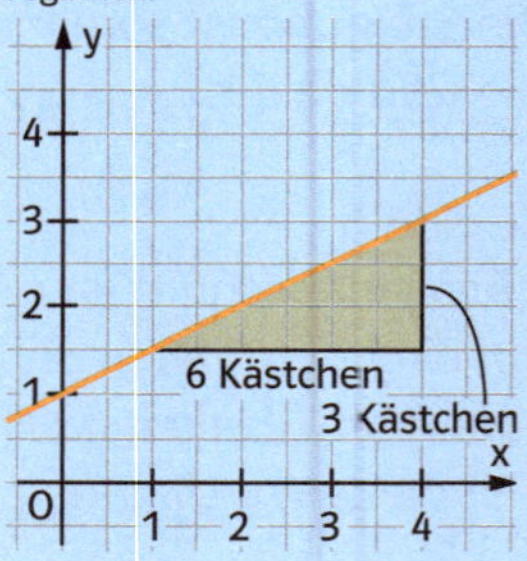

3 Über die Lage zweier Geraden anhand ihrer Funktionsgleichungen entscheiden

a) Die beiden Geraden

$g\colon y = \frac{1}{2}x + 3$ und $h\colon y = \frac{1}{2}x + 1$

besitzen die gleiche Steigung $m = \frac{1}{2}$.

Deswegen verlaufen die beiden Geraden g und h zueinander parallel.

Parallele Geraden
Zwei Geraden g und h verlaufen zueinander parallel, wenn die beiden Steigungen gleich sind: $m_g = m_h$.

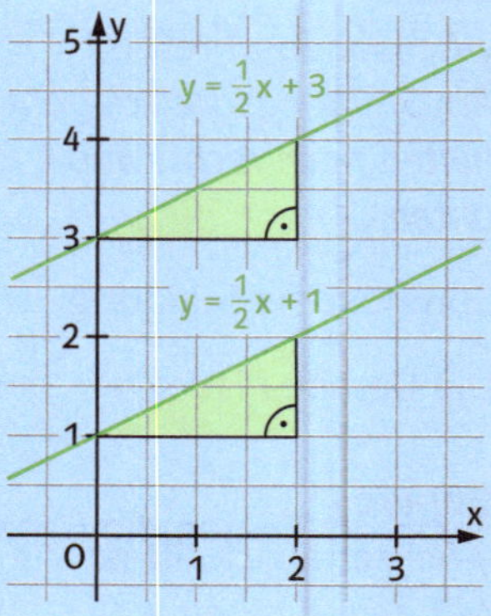

b) Die beiden Geraden g: $y = -\frac{1}{3}x + 3{,}5$ und h: $y = 3x + 1$ haben die Steigungen $m_1 = -\frac{1}{3}$ und $m_2 = 3$.
Für das Produkt $m_1 \cdot m_2$ gilt $m_1 \cdot m_2 = \left(-\frac{1}{3}\right) \cdot 3 = -1$.
Die Geraden g und h stehen somit aufeinander senkrecht.

Zueinander senkrechte Geraden
Zwei Geraden g und h mit den Steigungen m_g und m_h sind genau dann zueinander senkrecht, wenn gilt:
$m_g \cdot m_h = -1$ bzw. $m_g = -\frac{1}{m_h}$.

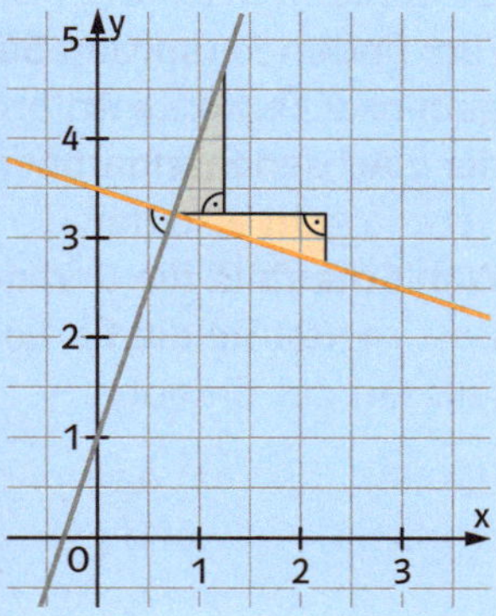

4 Geradengleichung bestimmen mithilfe von Punkt P und Steigung m oder mithilfe von Punkt P und y-Achsenabschnitt c bestimmen → 4

a) Die Steigung $m = 2$ ist gegeben, somit gilt für die Gerade $y = 2x + c$. Um den y-Achsenabschnitt zu bestimmen, setzt man die Koordinaten des gegebenen Punktes $P(3|5)$ für x und y in die Gleichung ein.
Man erhält:
$5 = 2 \cdot 3 + c$
$5 = 6 + c \qquad |-6$
$c = -1$
Die Gerade g hat somit die Gleichung g: $y = 2x - 1$.

b) Der y-Achsenabschnitt ist $c = -5{,}5$. Damit gilt für die Gerade $y = mx - 5{,}5$. Um die Steigung zu bestimmen, setzt man die Koordinaten des gegebenen Punktes $P(-1|-4)$ für x und y in die Gleichung ein.
Man erhält:
$-4 = m \cdot (-1) - 5{,}5 \qquad |+5{,}5$
$1{,}5 = -m \qquad |\cdot(-1)$
$m = -1{,}5$
Die Gerade h hat somit die Gleichung h: $y = -1{,}5x - 5{,}5$.

y-Achsenabschnitt c bestimmen
Die Steigung m und die Koordinaten eines Punktes in die Normalform $y = mx + c$ einsetzen und nach c auflösen.

Steigung m bestimmen
Den y-Achsenabschnitt c und die Koordinaten eines Punktes P in die Normalform $y = mx + c$ einsetzen und nach m auflösen.

5 Geradengleichung mithilfe von zwei vorgegebenen Punkten bestimmen → 5

a) Die Steigung m lässt sich aus den gegebenen Punkten $P(5|11)$ und $Q(3|7)$ wie folgt berechnen:
$m = \frac{y_P - y_Q}{x_P - x_Q} = \frac{11 - 7}{5 - 3} = \frac{4}{2} = 2$
Somit gilt für die Gerade $y = 2 \cdot x + c$.

Der y-Achsenabschnitt c lässt sich berechnen, indem man z. B. die Koordinaten von $P(5|11)$ zusammen mit $m = 2$ einsetzt.
$11 = 2 \cdot 5 + c \qquad |-10$
$c = 1$
Die Gleichung heißt also $y = 2x + 1$.

b) Die Koordinaten der Punkte $P(4|-5)$ und $Q(-2|7)$ setzt man in die Geradengleichung ein. Dann löst man das lineare Gleichungssystem.
(1) $-5 = m \cdot 4 + c \qquad |-4m$
(2) $7 = m \cdot (-2) + c \qquad |+2m$
(1′) $c = -4m - 5$
(2′) $c = 2m + 7$
Somit gilt:
$-4m - 5 = 2m + 7 \qquad |-2m+5$
$-6m = 12 \qquad |:(-6)$
$m = -2$
Den Wert $m = -2$ setzt man in eine der Gleichungen ein.
$-5 = (-2) \cdot 4 + c \qquad |+8$
$c = 3$
Die Gleichung heißt also $y = -2x + 3$.

Berechnung der Steigung mithilfe von 2 Punkten $P(x_P|y_P)$ und $Q(x_Q|y_Q)$
$m = \frac{y_P - y_Q}{x_P - x_Q}$ oder
$m = \frac{y_Q - y_P}{x_Q - x_P}$.

Lineares Gleichungssystem zur Berechnung des y-Achsenabschnitts c und der Steigung m
(1) $y_P = m \cdot x_P + c$
(2) $y_Q = m \cdot x_Q + c$

Nehmen Sie nun die Selbsteinschätzung (B) auf Seite 22 vor.

Übungsaufgaben

Hier finden Sie sowohl Standardaufgaben, die den Testaufgaben ähneln, als auch vertiefende Aufgaben, die erhöhte Anforderungen verlangen. An einzelnen Stellen werden Themen aufbereitet, die über den Standardbereich hinausgehen. Diese Stellen sind als Exkurs gekennzeichnet.

1 Zum Schaubild die Geradengleichung bestimmen → 1

Bestimmen Sie die Geradengleichung aus der Zeichnung.

a)

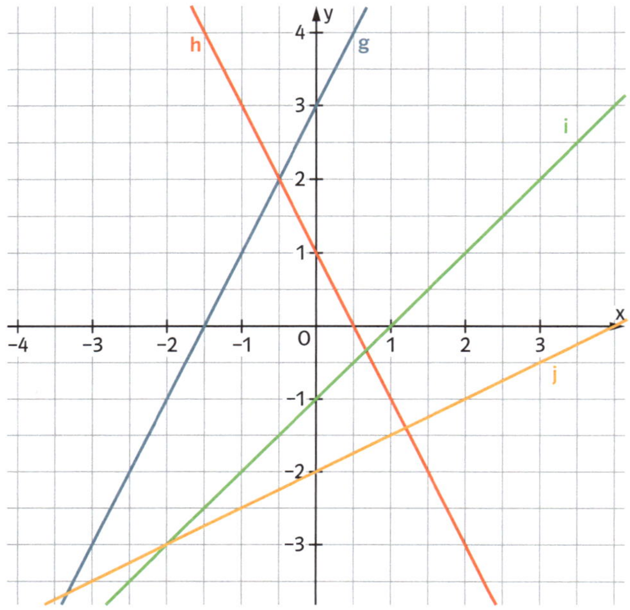

g: ______________ h: ______________

i: ______________ j: ______________

b)

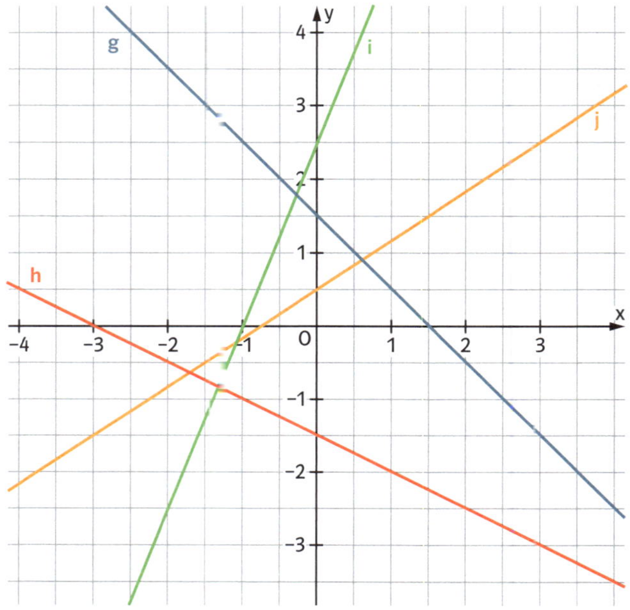

g: ______________ h: ______________

i: ______________ j: ______________

2 Geraden zeichnen → 2

Zeichnen Sie die Geraden in das Koordinatensystem.

a) g: $y = 3x - 2$ h: $y = -0{,}5x + 1$

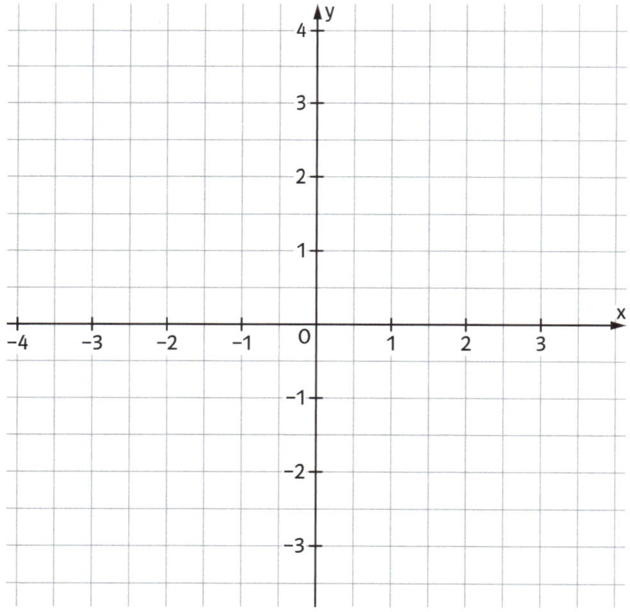

b) g: $y = \frac{2}{3}x - \frac{3}{2}$ h: $y = -\frac{5}{3}x + 0{,}5$

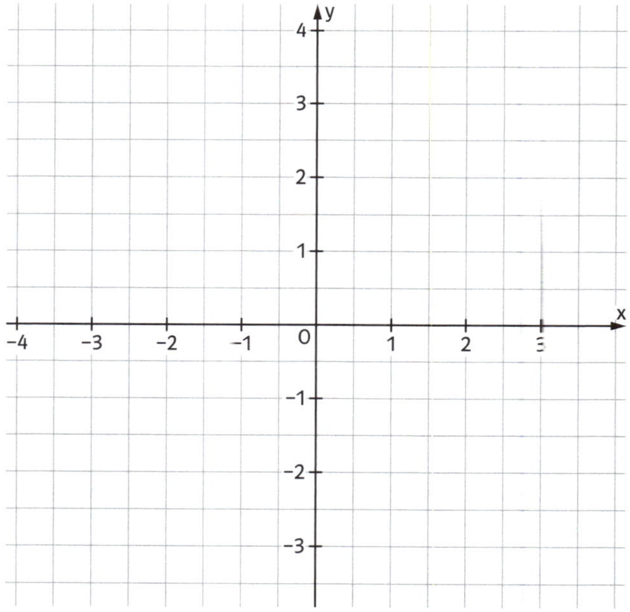

3 Die Lage zweier Geraden anhand ihrer Funktionsgleichungen prüfen → 3

a) Sind die Geraden zueinander parallel oder zueinander senkrecht? Begründen Sie.

g_1: $y = 2x - 4$ h_1: $y = 2x + 6$ g_2: $y = \frac{2}{3}x - 3$ h_2: $y = -\frac{3}{2}x + 7$

______________________ ______________________

b) Die Gerade h verläuft parallel zur Geraden g.
Geben Sie eine mögliche Geradengleichung für h an.

g: $y = \frac{3}{5}x - 2$

h: ______________________

Die Gerade i verläuft parallel zur Geraden j.
Geben Sie eine mögliche Geradengleichung für j an.

i: $y = -\frac{5}{3}x + 5$

j: ______________________

c) Die Gerade g steht zur Geraden h senkrecht.
Geben Sie eine mögliche Geradengleichung für h an.

g: $y = 3x - 1{,}5$

h: ______________________

Die Gerade i steht zur Geraden j senkrecht.
Geben Sie eine mögliche Geradengleichung für j an.

i: $y = -\frac{4}{7}x - 6$

j: ______________________

d) Die Gerade g verläuft durch den Punkt $P(3\,|-4)$ und steht senkrecht zur Geraden h mit $y = -\frac{1}{2}x - 3$.
Wie heißt die Gleichung der Geraden g?

____

____

g: ______________________

4 Geradengleichungen bestimmen, wenn ein Punkt P und die Steigung m gegeben sind → 4

Bestimmen Sie die Gleichung der Geraden in der Form $y = mx + c$.

a) Die Gerade g geht durch $P(2\,|\,1)$ mit $m = 1$.

g: ______________

b) Die Gerade h geht durch $P(-2\,|\,3)$ mit $m = \frac{3}{4}$.

h: ______________

c) Die Gerade i geht durch $P(2{,}5\,|-3{,}5)$ mit $m = 1{,}5$.

i: ______________

d) Die Gerade j geht durch $P(-0{,}5\,|-1{,}5)$ mit $m = -\frac{3}{5}$.

j: ______________

Exkurs – Punkt-Steigungs-Form

5 Berechnen Sie die Gleichung der Geraden g mit der Punkt-Steigungs-Form.

a) $m = 3$ und $P(4\,|\,8)$

____

b) $m = -2$ und Punkt $P(1\,|-5)$

____

c) $m = 0$ und $P(3\,|\,4)$

____

d) Liegen die Punkte $P(-4\,|-7)$; $Q(1\,|-4{,}5)$ und $R(5\,|-2{,}5)$ auf einer Geraden? Prüfen Sie rechnerisch.

____

Kennt man von einer Geraden die Steigung m und die Koordinaten eines Punktes $P(x_P\,|\,y_P)$, kann die Gleichung mit $y = m \cdot (x - x_P) + y_P$ bestimmt werden.

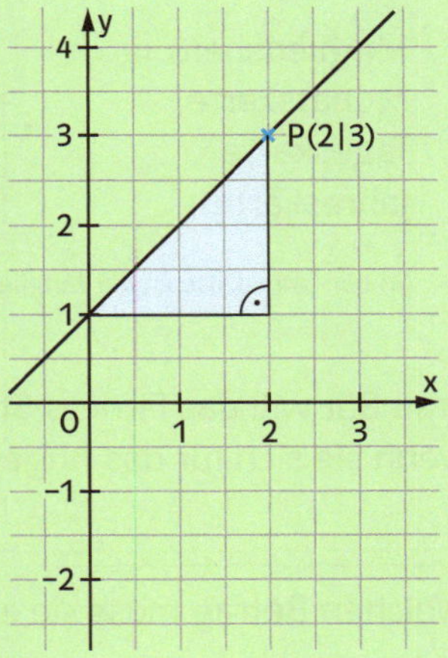

Beispiel:
$m = 1$ und $P(2\,|\,3)$
$y = m \cdot (x - x_P) + y_P$
$y = 1 \cdot (x - 2) + 3$
$y = x + 1$

6 Geradengleichungen bestimmen, wenn zwei Punkte gegeben sind → 5

Die Gerade geht durch die Punkte A und B. Bestimmen Sie die Gleichung in der Form $y = mx + c$.

g verläuft durch $A(1\,|\,1)$ und $B(6\,|\,11)$

g: ______________

h verläuft durch $A(2\,|-10)$ und $B(-5\,|\,11)$

h: ______________

i verläuft durch $A(-3\,|-4{,}5)$ und $B(4\,|-1)$

i: ______________

j verläuft durch $A(7\,|-10)$ und $B(-14\,|\,5)$

j: ______________

7 Anwendungssituationen mithilfe von linearen Funktionen lösen

a) Aufgrund des Schneemangels werden im Wintersportgebiet Schneekanonen eingesetzt.
Die Beschneiung erfolgt gleichmäßig.
Beim Einschalten der Schneekanonen beträgt die Schneehöhe 10 cm. Pro Stunde wächst die Schneehöhe gleichmäßig um 5 cm.
Stellen Sie eine Funktionsgleichung auf, mit der die jeweiligen Schneehöhen angegeben werden können.

____

Nach welcher Zeit misst die Schneehöhe 60 cm?

____

Zeichnen Sie das zugehörigen Schaubild in das nebenstehende Koordinatensystem.
Tragen Sie auf den beiden Achsen die Zeit (in h) und die zugehörige Schneehöhe (in cm) ein.

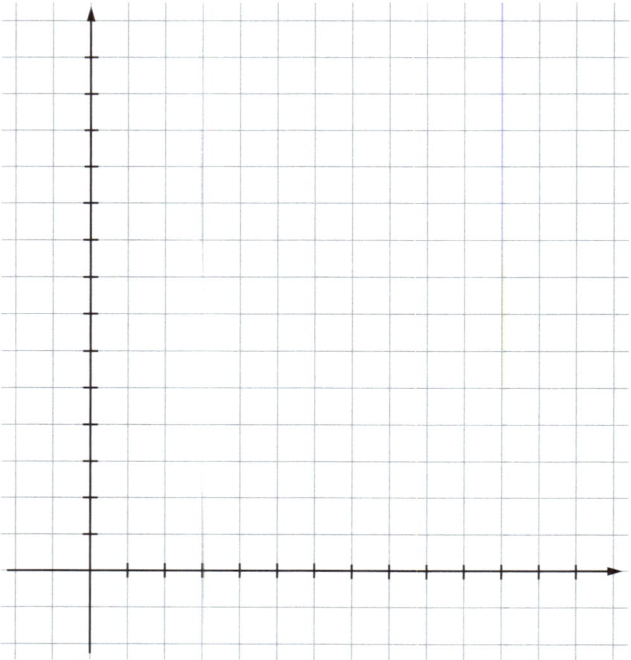

b) Frau Bär will regelmäßig zweimal pro Woche ins Fitness-Studio gehen.
Dazu prüft sie folgende Angebote:

Fitness-Studio am Turm

Mitgliedsbeitrag	60 €
Monatskarte	55 €
Tageskarte	7,50 €
Jahreskarte	600 €

(In der Jahreskarte ist der Mitgliedsbeitrag enthalten.)

Frau Bär will das Fitness-Studio ein halbes Jahr lang besuchen. Welchen Preis muss sie kalkulieren, wenn sie sich für das Angebot mit der Tageskarte entscheidet?

____

Welchen Betrag muss sie einplanen, wenn sie das Angebot der Monatskarten annimmt?

____

Wie soll sie sich entscheiden, wenn sie das Angebot ein ganzes Jahr nutzen möchte?

____

Herr Bär will ein Jahr lang einmal in der Woche mitgehen. Lohnt sich für ihn eine Jahreskarte?

____

Nehmen Sie nun die Selbsteinschätzung (C) auf Seite 22 vor.

Dieses Kapitel ermöglicht Ihnen, alle wichtigen Aspekte im Umgang mit linearen Gleichungssystemen zu wiederholen und intensiv zu üben.

(A) Schätzen Sie sich zunächst selbst ein.
Bearbeiten Sie die Testaufgaben und werten Sie sie mithilfe der Musterlösungen aus.

(B) Schätzen Sie sich erneut selbst ein. Nun kennen Sie Ihre Stärken und Schwächen und können gezielt und effektiv üben.

(C) Schätzen Sie sich am Ende des Kapitels erneut ein.

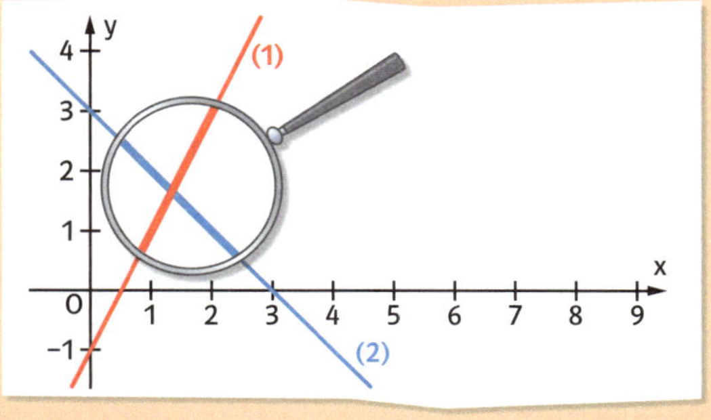

Selbsteinschätzung

Ich kann ...	spontan (A)	nach den Testaufgaben (B)	am Ende des Kapitels (C)
1 den Schnittpunkt von zwei Geraden zeichnerisch und rechnerisch bestimmen.	☺😐☹	☺😐☹	☺😐☹
2 ein lineares Gleichungssystem lösen.	☺😐☹	☺😐☹	☺😐☹
3 ein lineares Gleichungssystem zeichnerisch lösen.	☺😐☹	☺😐☹	☺😐☹
4 meine Kenntnisse über lineare Funktionen und lineare Gleichungssysteme zur Lösung mathematischer Probleme anwenden.	☺😐☹	☺😐☹	☺😐☹

Testaufgaben

Mithilfe der Aufgaben 1 bis 4 überprüfen Sie Ihre Selbsteinschätzung (A). Bearbeiten Sie dazu die Testaufgaben. Kontrollieren Sie sie mithilfe der Musterlösungen auf den Seiten 30 bis 32.

1 Bestimmen Sie den Schnittpunkt S der Geraden

g: $y = \frac{3}{2}x + 1$ und h: $y = -\frac{3}{4}x + 5{,}5$

a) zeichnerisch. Schnittpunkt S(_____|_____)

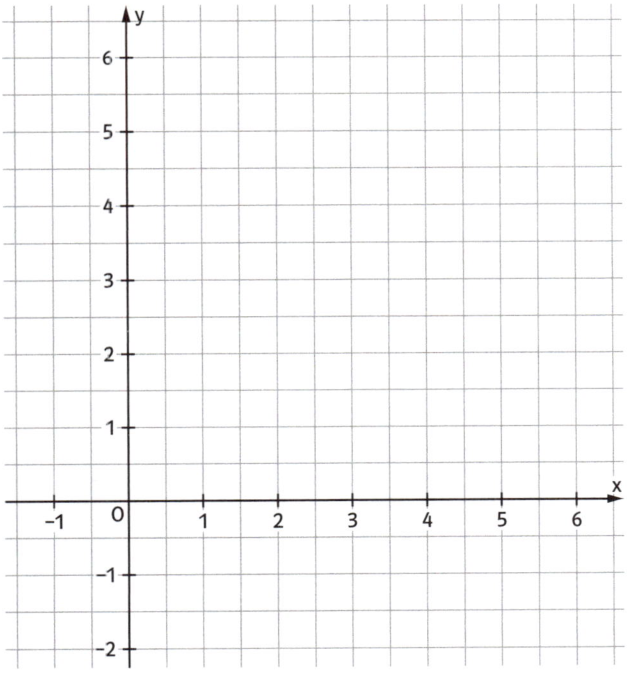

b) rechnerisch.

____

____

2 Lösen Sie das Gleichungssystem mit dem

a) Gleichsetzungsverfahren $x = 2y - 3$
x = _____; y = _____ $x = 3y + 4$

b) Einsetzungsverfahren $x = 3y - 1$
x = _____; y = _____ $5x - 7y = 3$

c) Additionsverfahren $8x - 3y = -8$
x = _____; y = _____ $4x + 4y = 18$

3 Bestimmen Sie die Lösung des linearen Gleichungssystems zeichnerisch.

a) $y = x - 1$
$y = -\frac{1}{2}x + 2$

b) $y = -\frac{2}{3}x - 1$
$y = \frac{1}{3}x + 2$

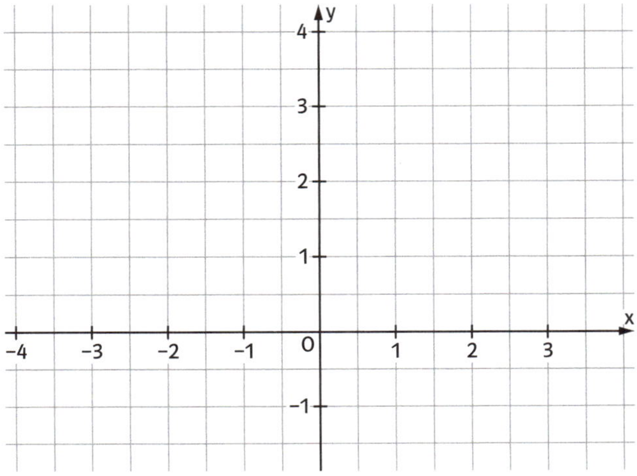

4 Frau Schweizer vergleicht zwei Angebote für Drucker und Toner.

Laser Print	
Preis für Drucker	350 €
Toner (Kapazität 6000 Seiten)	60 €

Master Copy	
Preis für Drucker	450 €
Toner (Kapazität 6000 Seiten)	40 €

a) Berechnen Sie die Gesamtkosten der beiden Angebote für jeweils 12 000 bedruckte Seiten.

b) Bestimmen Sie für die Angebote jeweils eine Funktionsvorschrift, mit der man die Kosten berechnen kann.

c) Für welchen Drucker soll sich Frau Schweizer entscheiden, wenn Sie 25 000 Seiten drucken möchte?

Musterlösungen

Mithilfe der Musterlösungen können Sie Ihre Testaufgaben kontrollieren.

1 Schnittpunkt von zwei Geraden bestimmen → 1

Der Schnittpunkt zweier Geraden lässt sich sowohl zeichnerisch als auch rechnerisch bestimmen.

a) **Zeichnerische Lösung:**

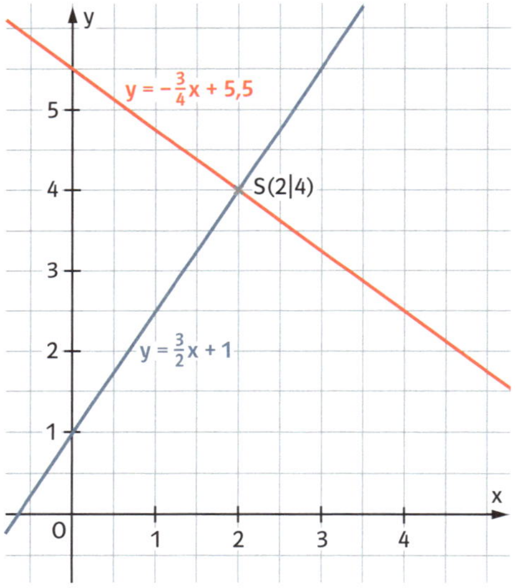

Der Zeichnung entnimmt man den Schnittpunkt S(2 | 4).

Probe:

Somit gilt für die Gerade g:

Für $x = 2$ ist

$y = \frac{3}{2} \cdot 2 + 1 = 4.$

Für die Gerade h gilt:

Für $x = 2$ ist

$y = -\frac{3}{4} \cdot 2 + 5{,}5 = 4.$

Die Probe zeigt, dass diese Lösung richtig ist.

b) **Rechnerische Lösung:**

1. Funktionsterme gleichsetzen

Man setzt die Funktionsterme von g und h gleich, um die x-Koordinate des Schnittpunktes zu berechnen.

$\frac{3}{2}x + 1 = -\frac{3}{4}x + 5{,}5$

2. Lösen der Gleichung

$\frac{3}{2}x + 1 = -\frac{3}{4}x + 5{,}5 \quad | \cdot 4$

$6x + 4 = -3x + 22 \quad | +3x$

$9x + 4 = 22 \quad | -4$

$9x = 18 \quad | :9$

$x = 2$

3. Berechnen des y-Wertes

Den y-Wert des Schnittpunktes erhält man, indem man den berechneten x-Wert in einen der beiden Funktionsterme einsetzt, z. B. für die Gerade g.

$y = \frac{3}{2} \cdot 2 + 1$

$y = 4$

Der Schnittpunkt lautet S(2 | 4).

Zeichnerische Lösung
Man zeichnet beide Schaubilder und liest den Schnittpunkt der beiden Geraden ab. Diese Methode liefert häufig nur ungenaue Werte, also Näherungswerte.

Rechnerische Lösung
1. Funktionsterme gleichsetzen
2. Gleichung lösen, um den x-Wert des Schnittpunktes zu bestimmen
3. y-Wert mit einem der Funktionsterme durch Einsetzen des x-Wertes berechnen

Probe
Zur Kontrolle kann man den berechneten x-Wert in den zweiten Funktionsterm einsetzen.

2 Lineare Gleichungssysteme rechnerisch lösen → 2

a) Gleichsetzungsverfahren

Sind bereits beide Gleichungen nach einer Variable aufgelöst, verwendet man das Gleichsetzungsverfahren.

(1) $x = 2y - 3$
(2) $x = 3y + 4$

(1) = (2):

$2y - 3 = 3y + 4 \quad | -2y - 4$

$y = -7$

Der Wert $y = -7$ wird in eine der beiden Gleichungen eingesetzt.

$x = 2 \cdot (-7) - 3$

$x = -17$

Die Lösungen lauten
$x = -17$; $y = -7$.

b) Einsetzungsverfahren

Ist nur eine der beiden Gleichungen nach einer Variable aufgelöst, verwendet man das Einsetzungsverfahren.

(1) $x = 3y - 1$
(2) $5x - 7y = 3$

(1) in (2):

$5(3y - 1) - 7y = 3$

$15y - 5 - 7y = 3 \quad | +5$

$8y = 8 \quad | :8$

$y = 1$

Der Wert $y = 1$ wird in eine der beiden Gleichungen eingesetzt.

$x = 3 \cdot 1 - 1 = 2$

Die Lösungen lauten
$x = 2$; $y = 1$.

c) Additionsverfahren

Man multipliziert eine oder auch beide Gleichungen mit geeigneten Faktoren. Beim Addieren der beiden Gleichungen fällt dann eine Variable weg.

(1) $8x - 3y = -8$
(2) $4x + 4y = 18 \quad | \cdot (-2)$

(1) $8x - 3y = -8$
(2′) $-8x - 8y = -36$

(1) + (2′):

$-11y = -44 \quad | :(-11)$

$y = 4$

$y = 4$ in (1) eingesetzt ergibt:

$8x - 3 \cdot 4 = -8$

$8x - 12 = -8 \quad | +12$

$8x = 4 \quad | :8$

$x = \frac{1}{2}$

Die Lösungen lauten

$x = \frac{1}{2}$ und $y = 4$.

Lösungsmenge $\mathbb{L} = \left\{\left(\frac{1}{2}; 4\right)\right\}$

Gleichsetzungsverfahren
Beide Gleichungen werden nach einer Variablen aufgelöst.
Durch Gleichsetzen der Terme erhält man eine Gleichung mit einer Variablen.
Die Lösung dieser Gleichung setzt man in eine der Gleichungen und kann so die Lösung für die zweite Variable bekommen.

Einsetzungsverfahren
Eine der Gleichungen wir nach einer Variablen aufgelöst. Dann setzt man das Ergebnis ein.

Additionsverfahren
Man formt beide Gleichungen so um, dass beim Addieren oder Subtrahieren beider Gleichungen eine Variable wegfällt.
Dadurch entsteht eine Gleichung mit nur einer Variablen.

3 Lineare Gleichungssysteme zeichnerisch lösen. → 3

a)

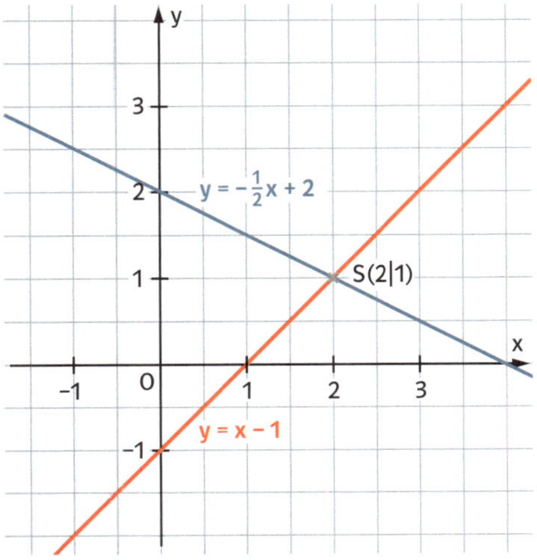

Der Zeichnung entnimmt man den Schnittpunkt S(2|1). Eine Probe:
S(2|1) einsetzen in Gerade g,
für $x = 2$ ist $y = 2 - 1 = 1$.
S(2|1) einsetzen in Gerade h,
für $x = 2$ ist $y = -\frac{1}{2} \cdot 2 + 2 = 1$.

Probe zeigt, die Lösung stimmt.

b)

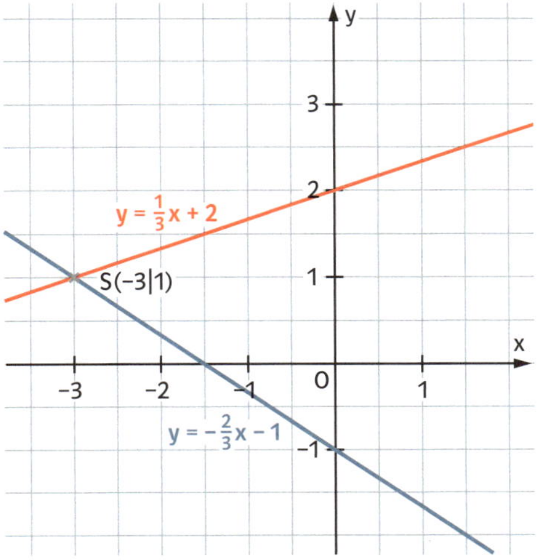

Die Steigungen der beiden Geraden sind Brüche. Beim Einzeichnen können deshalb Ungenauigkeiten auftreten, die sich beim Ablesen auswirken.
Der korrekt abgelesene Schnittpunkt S(−3|1) hat die Koordinaten $x = -3$ und $y = 1$.

Zeichnerische Lösung
Man zeichnet beide Geraden und liest den Schnittpunkt ab.

Diese Methode liefert häufig nur ungenaue Werte, also Näherungswerte.

4 Lineare Funktionen zum Lösen von Anwendungssituationen verwenden

a) *Zur Berechnung der entstehenden Gesamtkosten für beide Angebote setzt man die Anzahl der benötigten Tonerkartuschen in die Gleichungen ein. Für 12 000 Seiten braucht man 2 Tonerkartuschen.*

Kosten Laser Print: $K_{Laser} = 60{,}00\,€ \cdot 2 + 350{,}00\,€$
$K_{Laser} = 470{,}00\,€$

Kosten Master Copy: $K_{Copy} = 40{,}00\,€ \cdot 2 + 450{,}00\,€$
$K_{Copy} = 530{,}00\,€$

b) *Der Kaufpreis des Druckers ist fest vorgegeben, er entspricht somit dem y-Achsenabschnitt einer linearen Funktion.*
Die Anzahl x der verbrauchten Tonerkartuschen ist variabel.
Damit ergeben sich die beiden folgenden Funktionsgleichungen.
Laser Print: $y = 60 \cdot x + 350$
Master Copy: $y = 40 \cdot x + 450$

c) Um entscheiden zu können, welchen Drucker Frau Schweizer anschaffen soll, setzt man die Terme der beiden Funktionsgleichungen gleich.

$$60 \cdot x + 350 = 40 \cdot x + 450 \qquad | -40x - 350$$
$$20 \cdot x = 100 \qquad | :20$$
$$x = 5$$

Bei jeweils 5 verbrauchten Tonerkartuschen sind die entstehenden Kosten gleich.
Mit 5 Kartuschen kann man 30 000 Seiten drucken. Frau Schweizer entscheidet.

Nehmen Sie nun die Selbsteinschätzung (B) auf Seite 29 vor.

Funktionsgleichungen in der Anwendungssituation bestimmen
Die Steigung entspricht der gleichmäßigen Veränderung pro Einheit.

Der y-Achsenabschnitt entspricht dem y-Wert, den man für $x = 0$ erhält.

Einheiten beachten
Wenn man Terme aufstellt oder gleichsetzt, sollten die Einheiten bei allen Werten gleich sein.

Übungsaufgaben

Hier finden Sie Standardaufgaben, die den Testaufgaben ähneln, und vertiefende Aufgaben mit erhöhten Anforderungen. Außerdem werden Themen aufbereitet, die über den Standardbereich hinausgehen. Diese Stellen sind als Exkurs gekennzeichnet.

1 Schnittpunkte von Geraden bestimmen → 1

a) Bestimmen Sie zeichnerisch die Schnittpunkte der Geraden

g_1: $y = 2x - 1$ und h_1: $y = -x + 2$

g_2: $y = \frac{2}{3}x + 2$ und h_2: $y = -\frac{1}{3}x + 0{,}5$.

g_3: $y = \frac{1}{2}x + 3$, h_3: $y = -\frac{3}{4}x - 2$ und i_3: $y = \frac{4}{3}x - 2$.

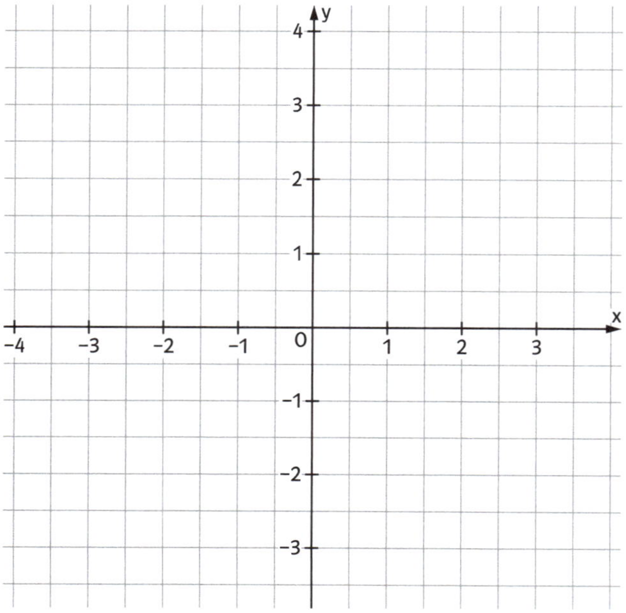

Schnittpunkt S_1(__ | __) Schnittpunkt S_2(__ | __)

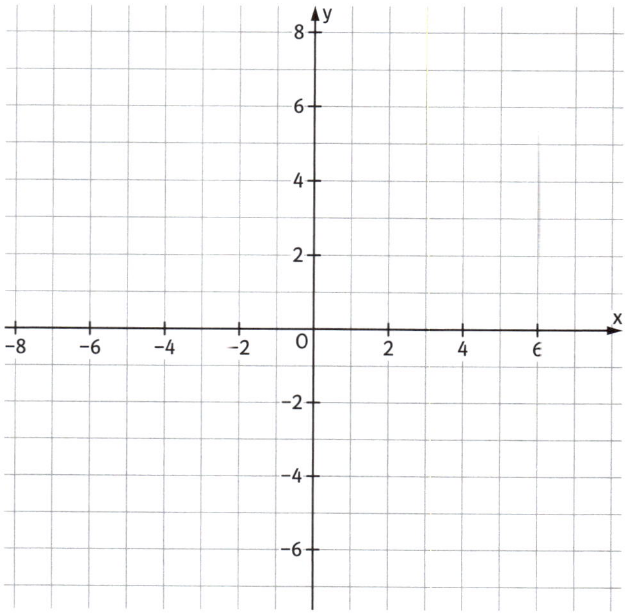

Schnittpunkt S_3(__ | __), S_4(__ | __) und S_5(__ | __)

b) Bestimmen Sie rechnerisch den Schnittpunkt der Geraden.

g_1: $y = x - 3$ und h_1: $y = -x + 7$

Schnittpunkt S_1(__|__)

g_2: $y = 2x + 7$ und h_2: $y = -\frac{1}{4}x + \frac{5}{2}$

Schnittpunkt S_2(__|__)

c) Die drei Geraden schneiden sich in drei Punkten. Berechnen Sie die Koordinaten der Schnittpunkte.

g: $y = \frac{1}{3}x + \frac{5}{3}$, h: $y = -\frac{1}{5}x - 1$ und i: $y = -\frac{9}{5}x + 7$

Schnittpunkt S_1(__|__) Schnittpunkt S_2(__|__) Schnittpunkt S_3(__|__)

2 Rechnerische Lösung von linearen Gleichungssystemen → 2

Lösen Sie mit dem Gleichsetzungsverfahren.

a) $x = 2y - 3$
$x = 3y + 4$
x = ____ y = ____

b) $y = 5x - 3$
$y = 9x + 5$
x = ____ y = ____

c) $7x = 12 - y$
$7x + 8 = 3y$
x = ____ y = ____

d) $3x = -4 - 5y$
$6x = 2y + 16$
x = ____ y = ____

Hier ist das Einsetzungsverfahren vorteilhaft.

e) $5x + y = 7$
$y = -2x + 4$
x = ____ y = ____

f) $2x + y = 11$
$y = 19 - 4x$
x = ____ y = ____

g) $2x + 3y = -5$
$2x = y - 1$
x = ____ y = ____

h) $2x - 3y = 11$
$-3y = 7 - 4x$
x = ____ y = ____

Lösen Sie das Gleichungssystem mit dem Additionsverfahren.

i) $2x - 7y = 21$
$3x - 2y = 23$
x = ____ y = ____

j) $5x + 2y = 12$
$8x - 6y = 10$
x = ____ y = ____

k) $4x = 2(1 - 2y)$
$5y = 2(3x - 7)$
x = ____ y = ____

l) $3(8 - 3x) - y = 49 + x$
$2 - 19x = 2(5 - 3y)$
x = ____ y = ____

Lösen Sie das Gleichungssystem mit einem Verfahren Ihrer Wahl.

m) $4x + 5y = 6$
$3x - y = -5$
x = ____ y = ____

n) $5y - 45 = 6y - 4x$
$-x = 8 - 3y$
x = ____ y = ____

o) $6(2x - 1) - 25y = 55$
$9(x - 2) - 10(1 - y) = -11$
x = ____ y = ____

p) $\frac{1}{2}x = 1 + \frac{1}{3}y$
$\frac{4}{3}y - \frac{1}{4}x = 10$
x = ____ y = ____

3 Zeichnerische Lösung von linearen Gleichungssystemen → 3

Bestimmen Sie die Lösung des linearen Gleichungssystems zeichnerisch. Je genauer Sie zeichnen, umso exakter wird die Lösungsangabe.

a) $y - x = 3$ $\quad$ $x =$ ____
$y + x = 1$ $\quad$ $y =$ ____

b) $y - \frac{9}{4}x = 2$ $\quad$ $x =$ ____
$\frac{1}{4}x + y = -3$ $\quad$ $y =$ ____

c) $y - 2 = 0{,}5x$ $\quad$ $x =$ ____
$2y - x = 4$ $\quad$ $y =$ ____

d) $\frac{2}{3}x - y = 4$ $\quad$ $x =$ ____
$y - 2 = -\frac{4}{3}x$ $\quad$ $y =$ ____

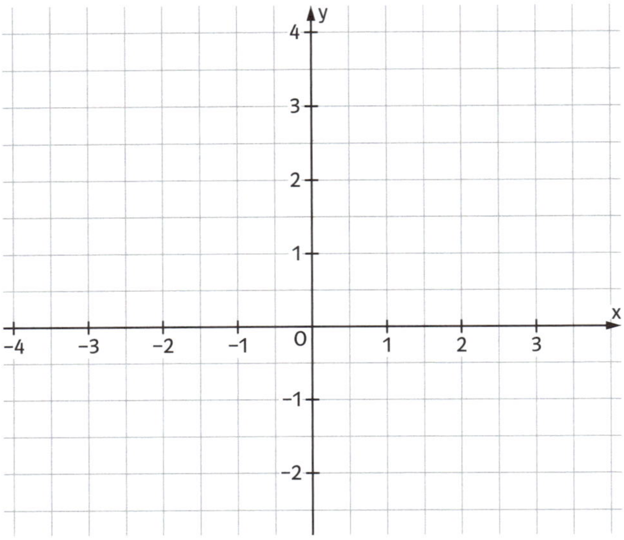

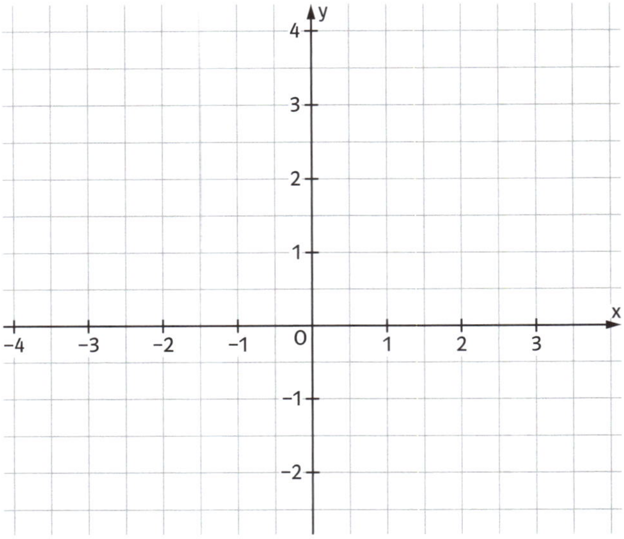

Exkurs – Schreibweise bei Funktionen

4 a) Berechnen Sie die Wasserstandshöhen.

$f(4) =$ ____________ $\quad$ $f(7) =$ ____________

$f(8) =$ ____________ $\quad$ $f(10) =$ ____________

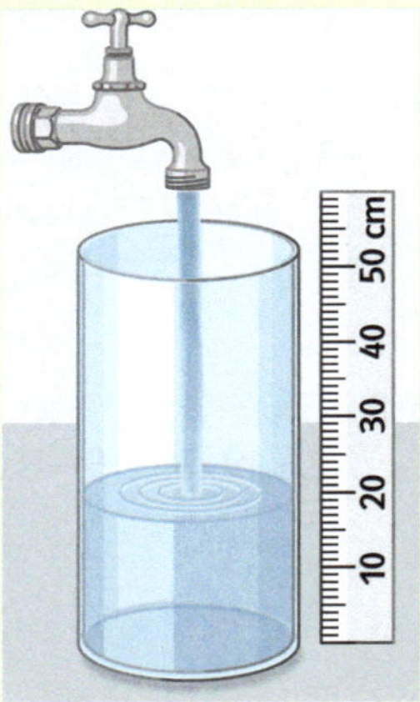

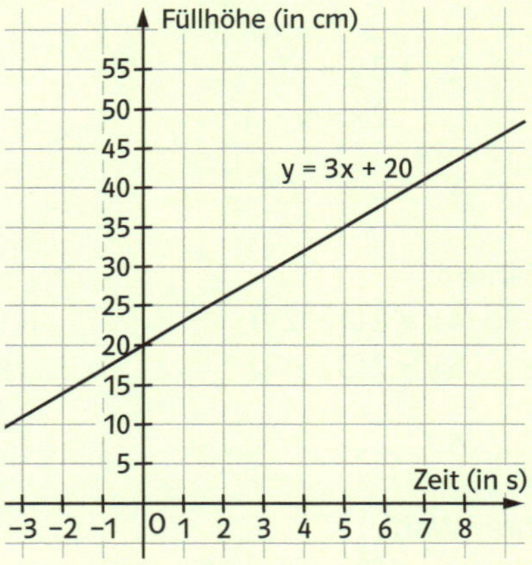

b) Für ein weiteres Füllgefäß gilt die Funktionsgleichung $f(x) = 5 \cdot x + 10$.
Wie hoch ist der Anfangswasserstand?

____

Zu welchem Zeitpunkt (in Sekunden) betrug die Wasserstandshöhe 50 cm?

____

Wann war das 80 cm hohe Gefäß vollständig gefüllt?

____

Bei vielen Fragestellungen der Mathematik geht es um den Zusammenhang von zwei Größen. Wenn dabei jedem Wert der einen Größe genau ein Wert der anderen Größe zugeordnet wird, nennt man diesen Zusammenhang eine **Funktion**. Die beiden Größen, die unabhängige Variable bzw. die abhängige Variable genannt werden, werden oft mit x und y bezeichnet.

Beispiel:
Bei einem Füllvorgang wird jedem Zeitpunkt x eine Füllhöhe y zugeordnet. In dem Wasserbehälter beträgt die Füllhöhe am Anfang 20 cm. Sie steigt gleichmäßig pro Sekunde um 3 cm an.

Dieser Zusammenhang wird durch die Funktionsgleichung $y = 3x + 20$ beschrieben.
Um auszudrücken, dass es sich dabei um eine Funktion handelt, dass also zu jedem Zeitpunkt genau eine Füllhöhe gehört, nennt man diese Funktion **f**. Man schreibt $\mathbf{f(x) = 3x + 20}$.
f(x) nennt man den Funktionswert der Funktion f an der Stelle x.
Der Funktionswert an der Stelle 2 ist also
$f(2) = 3 \cdot 2 + 20 = 26$.
Ebenso ist $f(5) = 3 \cdot 5 + 20 = 35$.

Das Schaubild dieser Funktion ist eine Gerade.
Die Funktion ist eine **lineare Funktion**.

5 Anwendungssituationen mithilfe von linearen Gleichungssystemen lösen → 4

a) **Stromgebühren**

Familie Bauer prüft die Angebote des örtlichen Energieversorgers. In den Vorjahren verbrauchte Familie Bauer durchschnittlich 5000 kWh Strom.
Für welches Angebot soll sich Familie Bauer entscheiden?

Modell Basistarif

Grundpreis	198,00 € / Jahr
Verbrauchspreis	25,4 ct / kWh

Modell Partnerstrom

Grundpreis	7,50 € / Monat
Verbrauchspreis	27,5 ct / kWh

Bei welchem durchschnittlichen jährlichen Stromverbrauch würden Sie Familie Bauer raten, einen Tarifwechsel vorzunehmen?

b) **Wasserbehälter**

Zwei quaderförmige Behälter mit gleicher Grundfläche werden mit konstantem, aber unterschiedlich starkem Wasserzufluss gefüllt. Beide Behälter sind 120 cm hoch.

Im Behälter A, der zu Beginn leer ist, beträgt die Höhe des Wasserstandes nach 4 Stunden 48 cm.

Zu Beginn der Füllung beträgt der Wasserstand im Behälter B bereits 12 cm. Nach 2 Stunden ist die Wasserhöhe auf 32 cm angewachsen.

Behälter A: Behälter B:

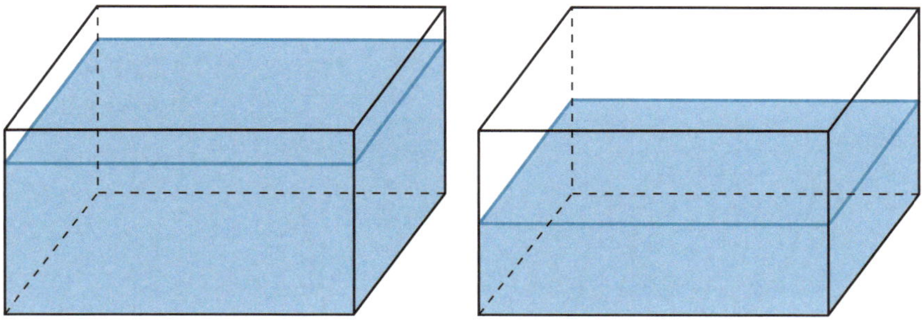

Bestimmen Sie für beide Behälter eine Funktionsgleichung, die die Wasserhöhe nach x Stunden beschreibt.

Behälter A: $f_A(x)$ = ______ Behälter B: $f_B(x)$ = ______

Nach welcher Zeit ist die Wasserhöhe in beiden Behältern gleich?

Welcher der beiden Behälter läuft zuerst über? Welche Wassermenge ist zu diesem Zeitpunkt im anderen Behälter?

Nehmen Sie nun die Selbsteinschätzung (C) auf Seite 29 vor.

Dieses Kapitel ermöglicht Ihnen, alle wichtigen Aspekte zum Zeichnen von Parabeln zu wiederholen und intensiv zu üben.

(A) Schätzen Sie sich zunächst selbst ein. Bearbeiten Sie die Testaufgaben und werten Sie sie mithilfe der Musterlösungen aus.
(B) Schätzen Sie sich erneut selbst ein. Nun kennen Sie Ihre Stärken und Schwächen und können gezielt und effektiv üben.
(C) Schätzen Sie sich am Ende des Kapitels erneut ein.

Selbsteinschätzung

Ich kann …	spontan (A)	nach den Testaufgaben (B)	am Ende des Kapitels (C)
1 zu Schaubildern von verschobenen Normalparabeln die Funktionsgleichungen bestimmen.	☺ 😐 ☹	☺ 😐 ☹	☺ 😐 ☹
2 das Schaubild einer quadratischen Funktion, die in der Scheitelform – auch Scheitelpunktform genannt – gegeben ist, zeichnen.	☺ 😐 ☹	☺ 😐 ☹	☺ 😐 ☹
3 mithilfe einer Wertetabelle das Schaubild einer quadratischen Funktion der Form $y = ax^2 + c$ zeichnen und ein Schaubild einer Gleichung zuordnen.	☺ 😐 ☹	☺ 😐 ☹	☺ 😐 ☹
4 die Funktionsgleichung einer quadratischen Funktion in die Scheitelpunktform umformen und das zugehörige Schaubild zeichnen.	☺ 😐 ☹	☺ 😐 ☹	☺ 😐 ☹

Testaufgaben

Mithilfe der Aufgaben 1 bis 4 überprüfen Sie Ihre Selbsteinschätzung (A). Bearbeiten Sie die Testaufgaben. Kontrollieren Sie sie mithilfe der Musterlösungen auf den Seiten 38 und 39.

1 Bestimmen Sie die Funktionsgleichung der verschobenen Normalparabel in Scheitelform.

p_1: y = ________ p_2: y = ________

p_3: y = ________ p_4: y = ________

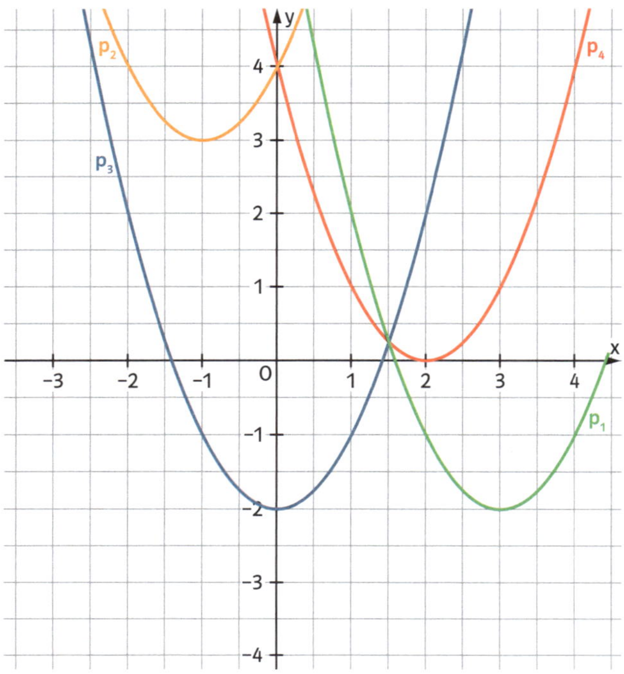

2 Zeichnen Sie das Schaubild der quadratischen Funktionen in das Koordinatensystem.

p_1: $y = x^2 + 2$ p_2: $y = (x + 2)^2$
p_3: $y = (x - 2)^2 - 3$ p_4: $y = (x + 1)^2 + 1,5$

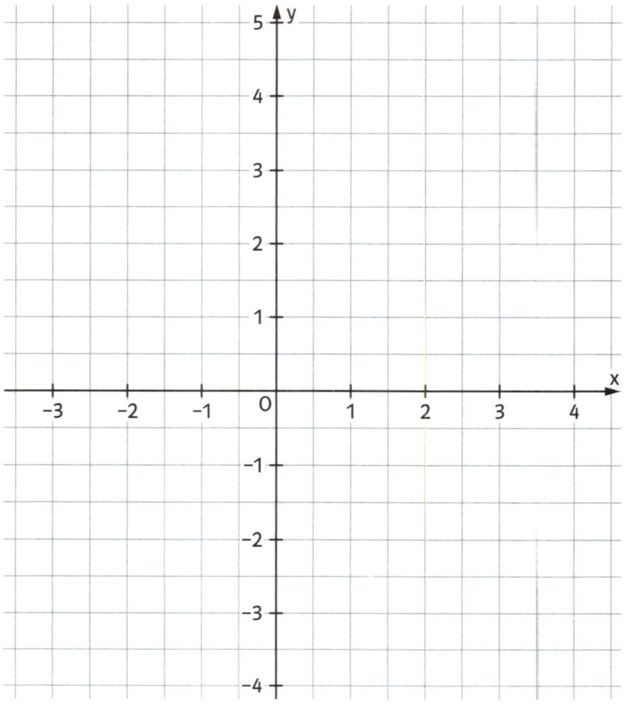

3 Parabeln und ihre Schaubilder

a) Ordnen Sie den Schaubildern die Funktionsgleichungen zu. Begründen Sie rechts Ihre Entscheidung.

______: $y = \frac{1}{4}x^2 - 2$ ______: $y = 2x^2 - 2$

______: $y = -\frac{1}{2}x^2 + 1$ ______: $y = x^2 + 1$

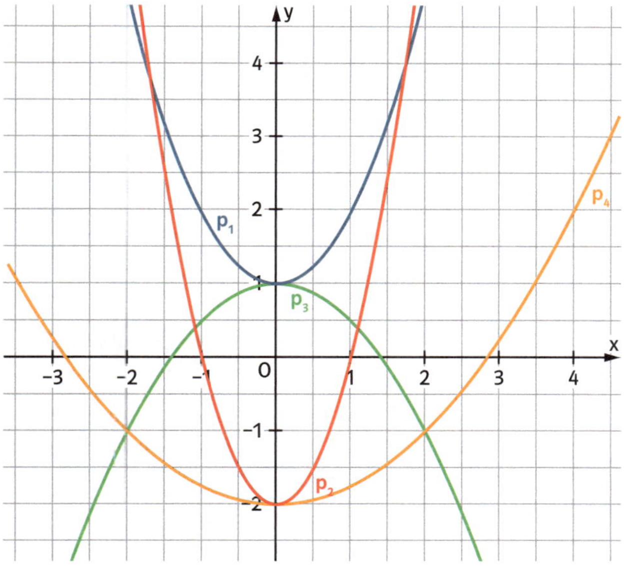

p_1 gehört zu ________, weil ______________________

____

____

p_2 gehört zu ________, weil ______________________

____

____

p_3 gehört zu ________, weil ______________________

____

____

p_4 gehört zu ________, weil ______________________

____

____

b) Erstellen Sie in Ihrem Heft eine Wertetabelle im Bereich $-3 \le x \le 3$ und zeichnen Sie die Schaubilder der quadratischen Funktionen.

p_1: $y = -x^2 - 1$ p_2: $y = 2x^2 - 4$

p_3: $y = \frac{1}{2}x^2 - 1$ p_4: $y = -\frac{1}{4}x^2 + 3$

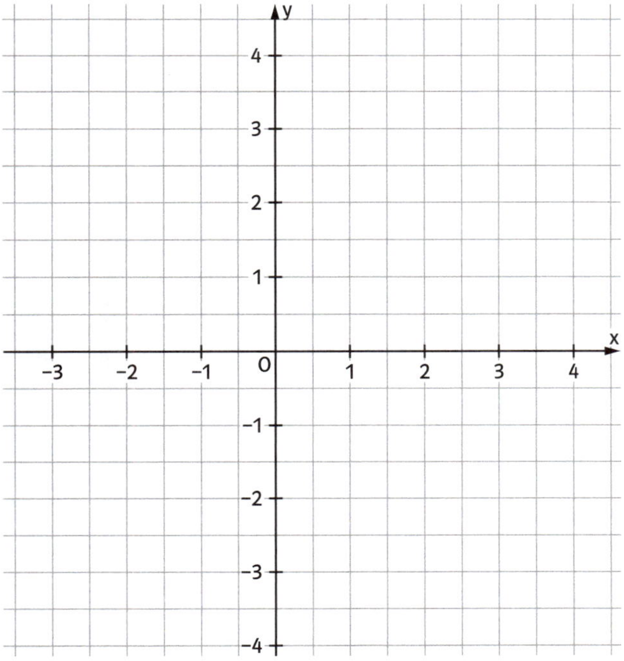

4 Formen Sie die Funktionsgleichung in die Scheitelform (Scheitelpunktform) um. Zeichnen Sie die Schaubilder der quadratischen Funktionen.

p_1: $y = x^2 + 2x - 2$ y = ______________________

p_2: $y = x^2 - 6x + 8$ y = ______________________

p_3: $y = x^2 + 4x + 6$ y = ______________________

p_4: $y = x^2 - 2x$ y = ______________________

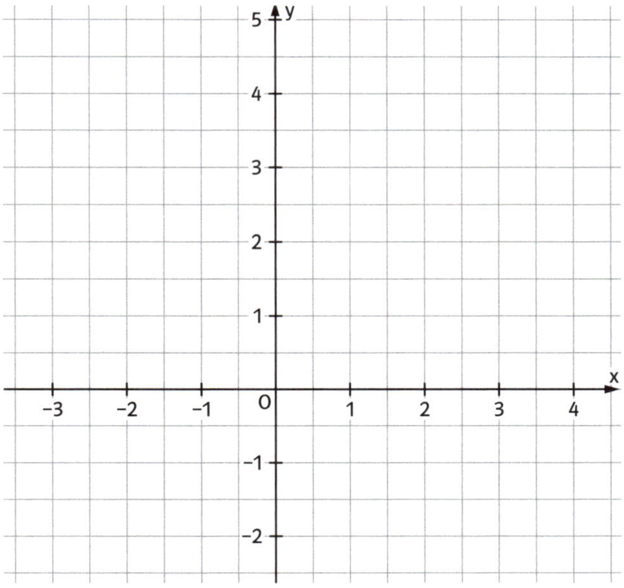

Musterlösungen

Mithilfe der Musterlösungen können Sie Ihre Testaufgaben kontrollieren.

1 Funktionsgleichung zu gegebenem Schaubild bestimmen → 1

Alle vier Parabeln sind nach oben geöffnete verschobene Normalparabeln.

Die Parabeln p_1 und p_2 sind sowohl in x-Richtung als auch in y-Richtung verschobene Normalparabeln.
Das Einsetzen der Scheitelpunkt-Koordinaten in die Scheitelpunktform ergibt
für die Parabel p_1 mit $S_1(3\,|\,-2)$ $\quad y = (x-3)^2 - 2$,
für die Parabel p_2 mit $S_2(-1\,|\,3)$ $\quad y = (x+1)^2 + 3$.

Die Parabel p_3 hat ihren Scheitelpunkt auf der y-Achse bei $S_3(0\,|\,-2)$.
Sie hat die Gleichung $y = (x-0)^2 - 2$ d.h. $y = (x-0)^2 - 2 = x^2 - 2$.

Die Parabel p_4 hat ihren Scheitelpunkt auf der x-Achse bei $S_4(2\,|\,0)$.
Sie hat die Gleichung $y = (x-2)^2 + 0$ d.h. $y = (x-2)^2$.

2 Schaubilder von verschobenen Normalparabeln zeichnen → 2

Aus der Scheitelpunktform lässt sich der Scheitelpunkt ablesen, so dass man die Parabelschablone dort anlegen kann.

Die Parabel p_1 hat den Scheitelpunkt $S_1(0\,|\,2)$.

Die Parabel p_2 hat den Scheitelpunkt $S_2(-2\,|\,0)$.

Die Parabel p_3 hat den Scheitelpunkt $S_3(1\,|\,-3)$.

Die Parabel p_4 hat den Scheitelpunkt $S_4(-3\,|\,1{,}5)$.

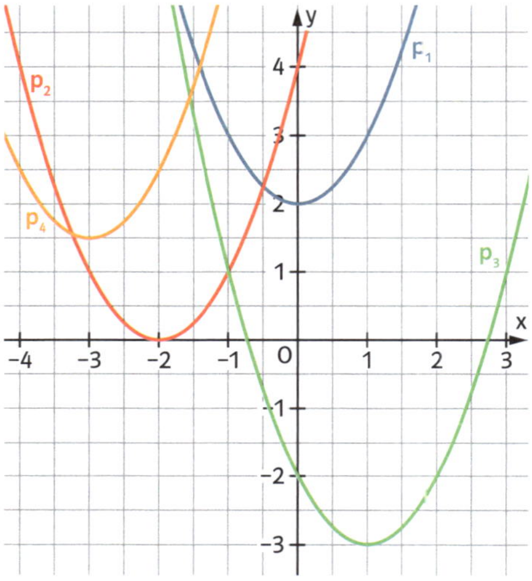

3 Zeichnen von Parabeln mithilfe einer Wertetabelle → 3

a) Die Schaubilder werden so zugeordnet:

p_1 gehört zu $y = x^2 + 1$, weil der Scheitelpunkt bei $S(0\,|\,1)$ liegt.
Es ist eine nach oben geöffnete verschobene Normalparabel.

p_2 gehört zu $y = 2x^2 - 2$, weil der Scheitelpunkt bei $S(0\,|\,-2)$ liegt.
Es ist eine nach oben geöffnete Parabel, die schmaler ist als die Normalparabel.

p_3 gehört zu $y = -\frac{1}{2}x^2 + 1$, weil der Scheitelpunkt bei $S(0\,|\,1)$ liegt.
Es ist eine nach unten geöffnete Parabel, die breiter ist als die Normalparabel.

p_4 gehört zu $y = \frac{1}{4}x^2 - 2$, weil der Scheitelpunkt bei $S(0\,|\,-2)$ liegt.
Es ist eine nach oben geöffnete Parabel, die breiter ist als die Normalparabel.

Quadratische Funktion der Form $y = x^2 + c$
Das Schaubild dieser quadratischen Funktion ist eine in y-Richtung verschobene Normalparabel mit Scheitelpunkt $S(0\,|\,c)$.
Zum Scheitelpunkt sagt man auch **Scheitel**.

Quadratische Funktion der Form $y = (x-d)^2$
Das Schaubild dieser Funktion ist eine auf der x-Achse verschobene Normalparabel mit dem Scheitelpunkt $S(d\,|\,0)$.

Scheitelpunktform der Parabelgleichung
Eine verschobene, nach oben geöffnete Normalparabel mit dem **Scheitelpunkt $S(d\,|\,e)$** hat die Gleichung
$y = (x-d)^2 + e$.
Zur Scheitelform sagt man auch **Scheitelpunktform**.

Schablone zum Zeichnen von Normalparabeln

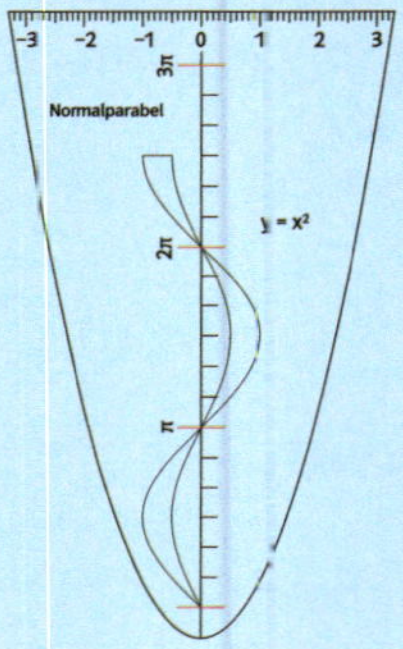

Schaubild und Gleichung einer quadratischen Funktion zuordnen
- Lage des Scheitelpunktes
- Öffnung nach oben oder unten
- Form der Normalparabel, schmal oder breit

b) Schaubilder von Funktionen der Form $y = ax^2 + c$ sind keine verschobenen Normalparabeln und lassen sich deshalb nicht mit der Schablone zeichnen. Eine Wertetabelle hilft.

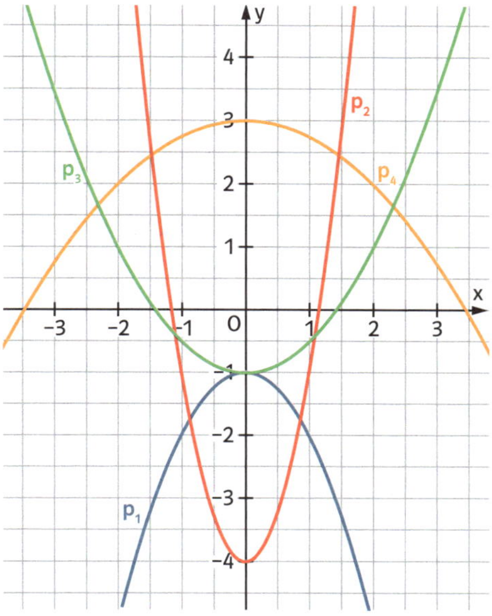

p_1: $y = -x^2 - 1$

x	−3	−2	−1	0	1	2	3
y	−10	−5	−2	−1	−2	−5	−10

p_2: $y = 2x^2 - 4$

x	−3	−2	−1	0	1	2	3
y	14	4	−2	−4	−2	4	14

p_3: $y = \frac{1}{2}x^2 - 1$

x	−3	−2	−1	0	1	2	3
y	3,5	1	−0,5	−1	−0,5	1	3,5

p_4: $y = -\frac{1}{4}x^2 + 3$

x	−3	−2,5	−2	−1,5	−1	−0,5	0	0,5	1	1,5	2	2,5	3
y	0,75	1,44	2	2,44	2,75	2,94	3	2,94	2,75	2,44	2	1,44	0,75

Quadratische Funktion der Form $y = ax^2 + c$
Das Schaubild dieser Funktion ist eine Parabel, deren Scheitelpunkt $S(0|c)$ auf der y-Achse liegt.
Der Streckfaktor a gibt an, ob die Parabel breiter oder schmaler als die Normalparabel ist.
Ist a negativ ($a < 0$), ist die Parabel nach unten geöffnet.

Wertetabelle
Je mehr Punkte man berechnet, desto genauer wird das Schaubild.
Parabeln der Form $y = ax^2 + c$ sind symmetrisch zur y-Achse. Das Beachten von Symmetrieeigenschaften der Parabel erspart Zeit beim Rechnen.

4 Funktionsgleichungen in die Scheitelpunktform umformen und zeichnen → 4

Wenn man die quadratische Funktion in der Scheitelpunktform darstellt, kann man das Schaubild mit der Parabelschablone zeichnen.

Berechnung Scheitelpunkt:

Parabel p_1:
$y = x^2 + 2x - 2$ | $x^2 + 2x$ zum Binom ergänzen
$y = x^2 + 2x + \left(\frac{2}{2}\right)^2 - \left(\frac{2}{2}\right)^2 - 2$
$y = (x + 1)^2 - 3$
Scheitelpunkt $S_1(-1|-3)$

Parabel p_2:
$y = x^2 - 6x + 8$ | $x^2 - 6x$ zum Binom ergänzen
$y = x^2 - 6x + \left(\frac{6}{2}\right)^2 - \left(\frac{6}{2}\right)^2 + 8$
$y = (x - 3)^2 - 1$
Scheitelpunkt $S_2(3|-1)$

Parabel p_3:
$y = x^2 + 4x + 6$
$y = x^2 + 4x + \left(\frac{4}{2}\right)^2 - \left(\frac{4}{2}\right)^2 + 6$
$y = (x + 2)^2 + 2$
Scheitelpunkt $S_3(-2|2)$

Parabel p_4:
$y = x^2 - 2x$
$y = x^2 - 2x + \left(\frac{2}{2}\right)^2 - \left(\frac{2}{2}\right)^2$
$y = (x - 1)^2 - 1$
Scheitelpunkt $S_4(1|-1)$

Schaubilder der Parabeln

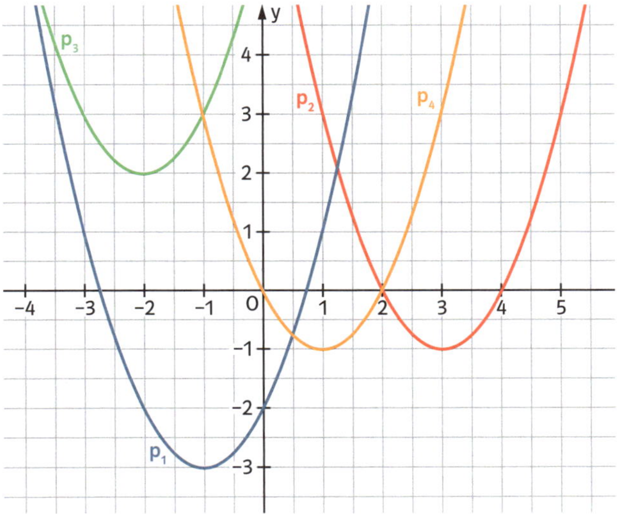

Quadratische Ergänzung
Mithilfe der quadratischen Ergänzung lässt sich eine Funktionsgleichung $y = x^2 + bx + c$ in die Scheitelpunktform $y = (x - d)^2 + e$ umformen.

Nehmen Sie nun die Selbsteinschätzung (B) auf Seite 36 vor.

Übungsaufgaben

Hier finden Sie sowohl Standardaufgaben, die den Testaufgaben ähneln, als auch vertiefende Aufgaben, die erhöhte Anforderungen verlangen. An einzelnen Stellen werden Themen aufbereitet, die über den Standardbereich hinausgehen. Diese Stellen sind als Exkurs gekennzeichnet.

1 Funktionsgleichungen aus Schaubildern bestimmen → 1

Ordnen Sie den Parabeln die entsprechenden Funktionsgleichungen zu.

a) p_1: $y = (x - 1)^2 - 3$ ______ p_2: $y = x^2 - 1$ ______
p_3: $y = (x + 3)^2 + 2$ ______ p_4: $y = (x - 3)^2$ ______

b) p_1: $y = -x^2 + 4$ ______ p_2: $y = \frac{1}{2}x^2 + 4$ ______
p_3: $y = -\frac{1}{2}x^2 + 1$ ______ p_4: $y = 2x^2 - 1$ ______

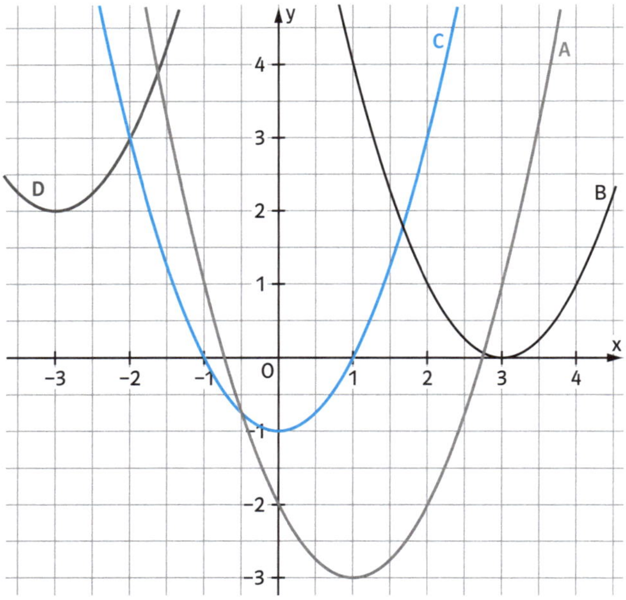

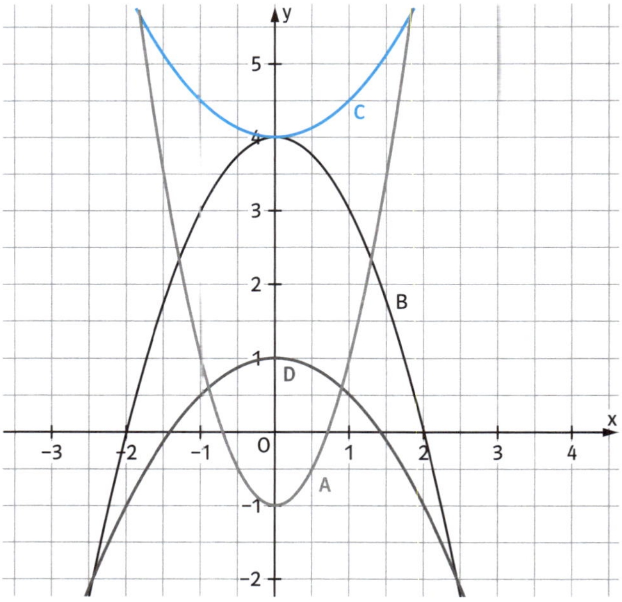

2 Schaubilder von quadratischen Funktionen zeichnen → 2

a) Bestimmen Sie die Scheitelpunkte und zeichnen Sie die Parabeln ins Koordinatensystem.
p_1: $y = (x + 2)^2 - 3$ p_2: $y = (x - 1)^2 + 1$
p_3: $y = (x + 1)^2 + 2$ p_4: $y = (x - 3)^2 - 1$

b) Zeichnen Sie die Parabeln mithilfe einer Schablone ins Koordinatensystem.
p_1: $y = -x^2 + 3$ p_2: $y = -x^2 - 1$
p_3: $y = \left(x - \frac{5}{2}\right)^2 + \frac{1}{2}$ p_4: $y = (x + 0{,}5)^2 - 1{,}5$

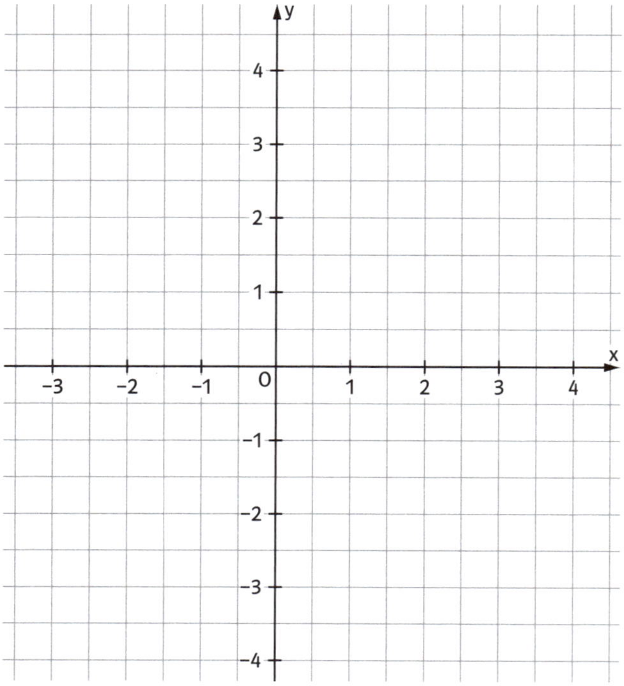

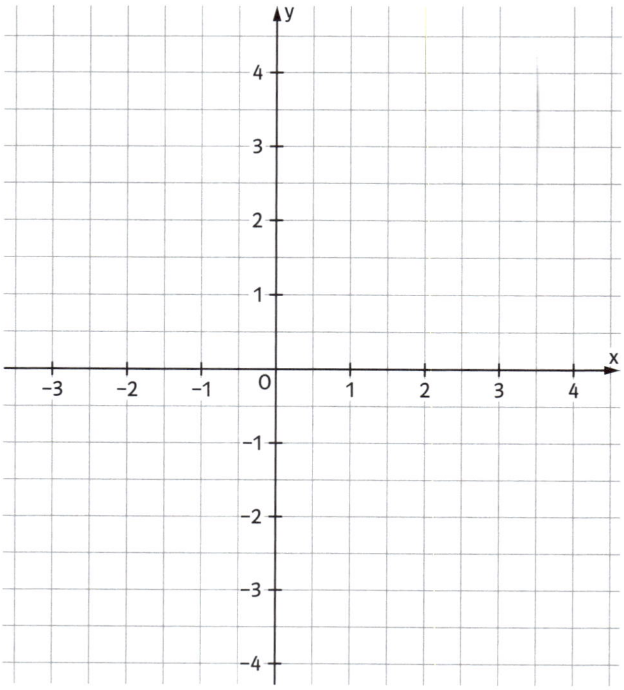

3 Schaubilder von quadratischen Funktionen der Form $y = ax^2 + c$ zeichnen → 3

Erstellen Sie eine Wertetabelle. Zeichnen Sie die Schaubilder der quadratischen Funktion in der jeweiligen Farbe.

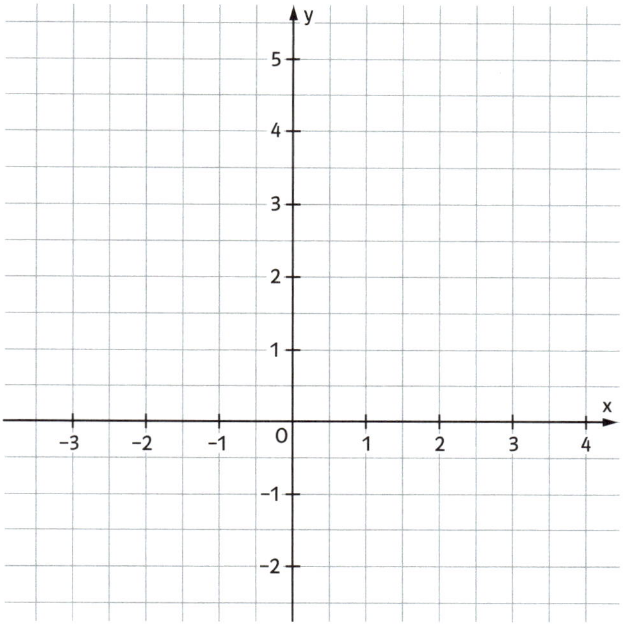

p_1: $y = \frac{1}{2}x^2 - 1$

x	−3	−2	−1	0	1	2	3
y							

p_2: $y = -2x^2 + 4$

x	−3	−2	−1	0	1	2	3
y							

p_3: $y = -x^2 + 3$

x	−3	−2	−1	0	1	2	3
y							

p_4: $y = \frac{1}{5}x^2 - 2$

x	−3	−2,5	−2	−1,5	−1	−0,5	0	0,5	1	1,5	2	2,5	3
y													

4 Funktionsgleichungen in die Scheitelpunktform umwandeln und Parabeln zeichnen → 4

Formen Sie die Funktionsgleichung in die Scheitelpunktform um. Zeichnen Sie die Parabeln.

p_1: $y = x^2 + 2x + 3$ S_1(_____ | _____)

y = ____________________

y = ____________________

p_2: $y = x^2 - 2x + 2$ S_2(_____ | _____)

y = ____________________

y = ____________________

p_3: $y = x^2 + 3x - 0{,}25$ S_3(_____ | _____)

y = ____________________

y = ____________________

p_4: $y = x^2 - 3x$ S_4(_____ | _____)

y = ____________________

y = ____________________

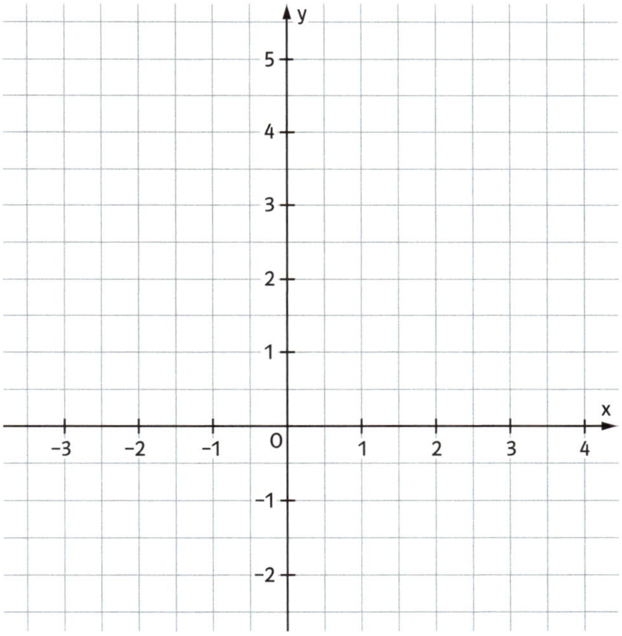

5 Die Formen von Parabeln beschreiben → 3

Beschreiben Sie die Form und Öffnungsrichtung der Parabel, ohne zu zeichnen. Verwenden Sie dazu die Satzbausteine.

a) p_1: $y = 3x^2 - 4$
b) p_2: $y = -\frac{2}{3}x^2 + 1$
c) p_3: $y = -1{,}5x^2 + 0{,}5$
d) p_4: $y = -\frac{5}{4}x^2 - \frac{1}{2}$

breiter als die Normalparabel

Scheitelpunkt oberhalb der x-Achse

Scheitelpunkt unterhalb der x-Achse

nach oben geöffnet

schmaler als die Normalparabel

nach unten geöffnet

Exkurs – Schaubilder von Funktionen der Form $y = ax^2 + bx + c$

Hat eine Funktion die Funktionsgleichung $y = ax^2 + bx + c$ mit $a \neq 1$, liegt ebenfalls eine Parabel vor. Ihr Scheitelpunkt ist sowohl in x-Richtung als auch in y-Richtung verschoben. Zudem ist sie breiter oder schmaler als die Normalparabel. Die Schaubilder solcher Funktionen lassen sich auf unterschiedliche Arten zeichnen. Dies soll am Beispiel der Parabel $y = 2x^2 + 12x + 14$ verdeutlicht werden.

a) **Mithilfe einer Wertetabelle**

x	−6	−5	−4	−3	−2	−1	0
y	14	4	−2	−4	−2	4	14

Beispiel: $y = 2x^2 + 12x + 14$

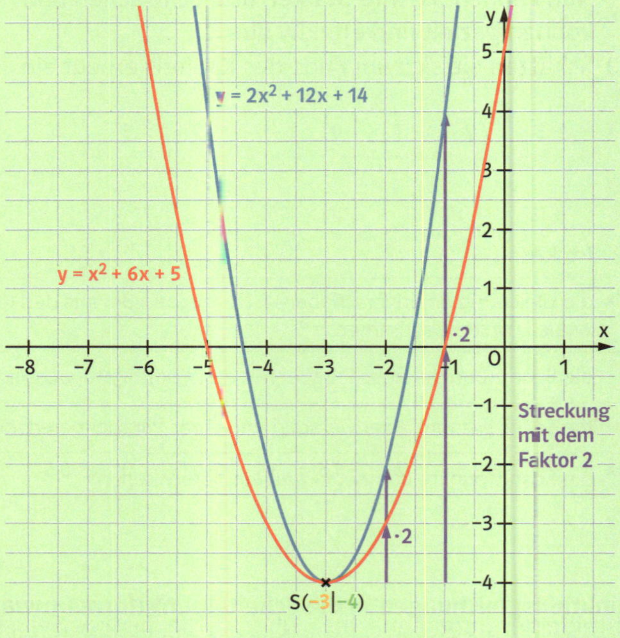

b) **Mithilfe der Scheitelpunktform**

Dazu formt man eine Gleichung aus der **Normalform** $y = ax^2 + bx + c$ in die **Scheitelpunktform** $y = a(x - d)^2 + e$ um.

$y = 2x^2 + 12x + 14$ | Streckfaktor 2 auskl.
$y = 2(x^2 + 6x) + 14$ | quadr. Ergänzung
$y = 2(x^2 + 6x + 9) + 14 - 2 \cdot 9$ | bin. Formel
$y = 2(x + 3)^2 - 4$

Die Gleichung hat somit Scheitelpunktform. An ihr lässt sich der Scheitelpunkt $S(-3\,|\,-4)$ ablesen.
Für den **Scheitelpunkt** gilt allgemein: **$S(d\,|\,e)$**.

Der Faktor $a = 2$ ist der Streckfaktor der Parabel. Er gibt an, ob die Parabel gestreckt $(a > 1)$ oder gestaucht $(0 < a < 1)$ wird.

c) **Mithilfe der Nullstellen der Funktion**

Aufgrund der Symmetrieeigenschaft der Parabel kann aus dem Mittelwert der Nullstellen die x-Koordinate des Scheitelpunkts berechnet werden.

Die Nullstellen für $y = 2x^2 + 12x + 14$ werden mit der pq-Formel oder der abc-Formel berechnet. Die Nullstellen sind $x_1 = -3 + \sqrt{2} \approx -1{,}6$ und $x_2 = -3 - \sqrt{2} \approx -4{,}4$.
Der **Mittelwert der beiden Nullstellen** ist der x-Wert des **Scheitelpunkts** $x_S = -3$.
Die y-Koordinate lässt sich durch Einsetzen in die Funktionsgleichung berechnen.
$y_S = 2 \cdot (-3)^2 + 12 \cdot (-3) + 14$ d.h. $y_S = -4$
Diese Parabel hat also den Scheitelpunkt $S(-3\,|\,-4)$. Da $a = 2$, ist sie schmaler als die Normalparabel. Die verschobene Normalparabel wird mit dem Faktor 2 gestreckt.

6 Zeichnen Sie das Schaubild der Funktion

a) p_1: $y = \frac{1}{2}x^2 - 2x + 2$ mithilfe einer Wertetabelle.

x	−1	0	1	2	3	4	5
y							

b) p_2: $y = -\frac{1}{2}x^2 + 2x$ über die Umformung in die Scheitelpunktform.

____

c) p_3: $y = 2x^2 + 8x + 6$ mithilfe der Nullstellen.

____

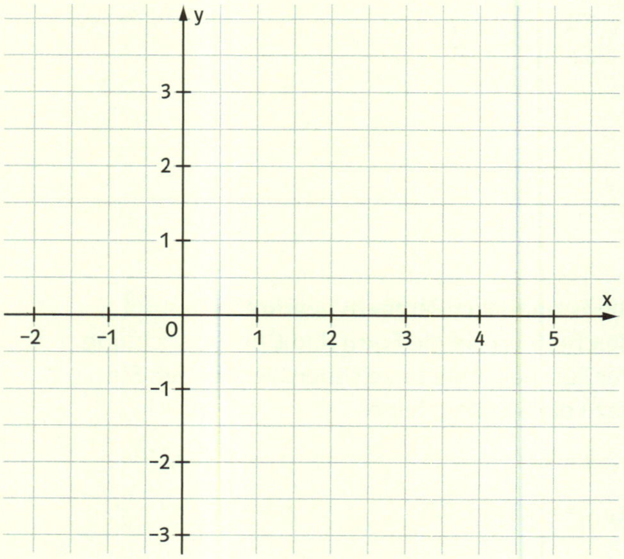

 Nehmen Sie nun die Selbsteinschätzung (C) auf Seite 36 vor.

Dieses Kapitel ermöglicht Ihnen, alle wichtigen Aspekte beim Rechnen mit quadratischen Funktionen zu wiederholen und intensiv zu üben.

(A) Schätzen Sie sich zunächst selbst ein. Bearbeiten Sie die Testaufgaben und werten Sie sie mithilfe der Musterlösungen aus.

(B) Schätzen Sie sich erneut selbst ein. Nun kennen Sie Ihre Stärken und Schwächen und können gezielt und effektiv üben.

(C) Schätzen Sie sich am Ende des Kapitels erneut ein.

Selbsteinschätzung

Ich kann ...	spontan (A)	nach den Testaufgaben (B)	am Ende des Kapitels (C)
1 die Gleichung einer verschobenen Normalparabel aus den Koordinaten zweier Punkte bestimmen.	☺😐☹	☺😐☹	☺😐☹
2 die Schnittpunkte einer Parabel mit den Koordinatenachsen berechnen.	☺😐☹	☺😐☹	☺😐☹
3 die Schnittpunkte einer Geraden und einer Parabel berechnen.	☺😐☹	☺😐☹	☺😐☹
4 die Schnittpunkte von zwei Parabeln berechnen.	☺😐☹	☺😐☹	☺😐☹

Testaufgaben

Mithilfe der Aufgaben 1 bis 4 überprüfen Sie Ihre Selbsteinschätzung (A). Bearbeiten Sie die Testaufgaben. Kontrollieren Sie sie mithilfe der Musterlösungen auf den Seiten 44 und 45.

1 Parabelgleichung bestimmen

a) Bestimmen Sie die Gleichung der Parabel p die durch die Punkte $P(1|10)$ und $Q(6|5)$ verläuft, in der Form $y = x^2 + bx + c$.

____

____

b = ______ c = ______ y = ______________

b) Der Punkt $P(-2|-4)$ liegt auf der Parabel p mit der Gleichung $y = x^2 + bx + 2$. Berechnen Sie die Gleichung der Parabel.

____

____

b = ______ y = ______________

2 Die Parabel p hat die Gleichung $y = x^2 - 6x + 5$. Berechnen Sie die Koordinaten der Schnittpunkte mit den beiden Koordinatenachsen.

____

____

3 Die Parabel $p: y = x^2 - 8x + 15$ und die Gerade $g: y = 2x - 1$ schneiden sich in den Punkten P und Q. Berechnen Sie die Koordinaten der Schnittpunkte.

____

____

____

P(____|____) Q(____|____)

4 Die Parabeln $p_1: y = x^2 - 4x - 1$ und $p_2: y = -x^2 + 5$ schneiden sich in den Punkten P und Q. Berechnen Sie die Koordinaten der Schnittpunkte und prüfen Sie mithilfe der Punktprobe, ob diese stimmen.

____

____

____

____

P(____|____) Q(____|____)

____

Musterlösungen

Mithilfe der Musterlösungen können Sie Ihre Testaufgaben kontrollieren.

1 Parabelgleichung p aus zwei Punkten bestimmen → 1

a) Die Punkte $P(1|10)$ und $Q(6|5)$ liegen auf der Parabel $p: y = x^2 + bx + c$.
Die Koordinaten der Punkte P und Q werden in die Gleichung eingesetzt:

(1) $10 = 1^2 + 1b + c$
(2) $5 = 6^2 + 6b + c$

(1) $10 = 1 + b + c$
(2) $5 = 36 + 6b + c$

(1) + (−1) · (2) $\quad 5 = -35 - 5b \quad | +35$
$40 = -5b \quad | :(-5)$
$b = -8$

$b = -8$ eingesetzt in Gleichung (1) ergibt:
$10 = 1 + (-8) + c$
$c = 17$

Die Parabel p hat die Gleichung $y = x^2 - 8x + 17$.

> **Parabelgleichung aus zwei Punkten**
> Setzt man die Koordinaten der beiden Punkte in die Normalform $y = x^2 + bx + c$ der Parabelgleichung ein, ergibt dies ein Gleichungssystem mit zwei Unbekannten. Hieraus lassen sich b und c berechnen.

Parabelgleichung aus einem Punkt und einer unvollständigen Gleichung bestimmen

b) Der Punkt $P(-2|-4)$ liegt auf der Parabel $p: y = x^2 + bx + 2$.
Die Koordinaten des Punktes P werden in die Gleichung eingesetzt.
$P(-2|-4)$ einsetzen ergibt: $-4 = (-2)^2 + b \cdot (-2) + 2$
$-4 = 6 - 2b \quad | +2b + 4$
$2b = 10 \quad | :2$
$b = 5$

Die Parabel p hat die Gleichung $y = x^2 + 5x + 2$.

> **Punktprobe**
> Die Koordinaten eines Punktes werden in die Funktionsgleichung eingesetzt. Aus der entstehenden Gleichung lässt sich der fehlende Parameter bestimmen.

2 Schnittpunkte mit den Koordinatenachsen berechnen → 2

Berechnung der Schnittpunkte mit der x-Achse

Da die x-Achse die Gleichung $y = 0$ hat, kann man in der Parabelgleichung $y = x^2 - 6x + 5$ für y den Wert 0 einsetzen:
So ergibt sich eine gemischt quadratische Gleichung, die sich mit der abc-Formel oder der pq-Formel lösen lässt.

Variante 1: abc-Formel

$x^2 - 6x + 5 = 0$

$x_{1,2} = \frac{-(-6) \pm \sqrt{(-6)^2 - 4 \cdot 1 \cdot 5}}{2 \cdot 1}$

$x_{1,2} = \frac{6 \pm \sqrt{36 - 20}}{2}$

$x_{1,2} = \frac{6 \pm 4}{2}$

$x_1 = 5$ und $x_2 = 1$

Variante 2: pq-Formel

$x^2 - 6x + 5 = 0$

$x_{1,2} = -\frac{-6}{2} \pm \sqrt{\left(\frac{-6}{2}\right)^2 - 5}$

$x_{1,2} = 3 \pm \sqrt{4}$

$x_{1,2} = 3 \pm 2$

$x_1 = 5$ und $x_2 = 1$

> **Gleichungen für die Koordinatenachsen:**
> Die Koordinatenachsen sind besondere Geraden.
> Die x-Achse wird mit der Gleichung $y = 0$ beschrieben.
> Die y-Achse wird mit der Gleichung $x = 0$ beschrieben.

Dies sind die Nullstellen der Funktion.
Die Nullstellen sind gleichzeitig die x-Werte der Schnittpunkte mit der x-Achse.
Die Schnittpunkte mit der x-Achse sind somit $N_1(5|0)$ und $N_2(1|0)$.

Berechnung des Schnittpunktes mit der y-Achse

Setzt man in der Gleichung $y = x^2 - 6x + 5$ für x den Wert 0 ein, erhält man die y-Koordinate des Schnittpunkts P mit der y-Achse:
$y = 0^2 - 6 \cdot 0 + 5$
$y = 5$
Der Schnittpunkt mit der y-Achse ist somit $P(0|5)$.

3 Schnittpunkte von Parabel p und Gerade g berechnen → 3

Zur Berechnung der Koordinaten der Schnittpunkte einer Parabel p mit einer Geraden g setzt man die beiden Funktionsterme gleich und erhält so die x-Koordinaten der Schnittpunkte.

$p: y = x^2 - 8x + 15$
$g: y = 2x - 1$

$x^2 - 8x + 15 = 2x - 1 \quad | -2x + 1$
$x^2 - 10x + 16 = 0 \quad |$ abc-Formel
$x_{1,2} = -(-5) \pm \frac{\sqrt{-(-5)^2 - 4 \cdot 1 \cdot 16}}{2 \cdot 1}$
$x_{1,2} = 5 \pm 3$

$x_1 = 8$ und $x_2 = 2$
Setzt man die x-Werte in die Geradengleichung ein, so bekommt man die jeweiligen y-Koordinaten.
$y_1 = 2 \cdot 8 - 1 = 15$ und $y_2 = 2 \cdot 2 - 1 = 3$
Die Schnittpunkte sind somit $P(8|15)$ und $Q(2|3)$.

Rechnerische Lösung
1. Funktionsterme gleichsetzen.
2. Quadratische Gleichung lösen, um die x-Werte der Schnittpunkte zu bestimmen.
3. y-Wert durch Einsetzen des x-Wertes in einer der beiden Gleichungen berechnen.

Lage einer Parabel und einer Gerade, Anzahl der Schnittpunkte
Eine Parabel p und eine Gerade g können zwei Punkte, einen Punkt oder keinen Punkt gemeinsamen haben.
Beim Berechnen kann man die unterschiedlichen Möglichkeiten an der **Diskriminante D** erkennen.

4 Schnittpunkte von zwei Parabeln berechnen → 4

Die Parabeln mit den Gleichungen $p_1: y = x^2 - 4x - 1$ und $p_2: y = -x^2 + 5$ schneiden sich in den Punkten P und Q.

*Zur Berechnung der Koordinaten der Schnittpunkte der beiden Parabeln setzt man die beiden Funktionsterme gleich und erhält so die **x-Koordinaten** der Schnittpunkte.*

$p_1: y = x^2 - 4x - 1$
$p_2: y = -x^2 + 5$

$x^2 - 4x - 1 = -x^2 + 5 \quad | +x^2 - 5$
$2x^2 - 4x - 6 = 0 \quad |$ abc-Formel
$x_{1,2} = \frac{-(-4) \pm \sqrt{(-4)^2 - 4 \cdot 2 \cdot (-6)}}{2 \cdot 2}$
$x_{1,2} = \frac{4 \pm \sqrt{64}}{4}$
$x_{1,2} = \frac{4 \pm 8}{4}$
$x_1 = 3$ und $x_2 = -1$

*Zur Berechnung der **y-Werte** der Punkte P und Q werden die x-Werte in eine der beiden Gleichungen eingesetzt:*
$y_1 = -3^2 + 5$
$y_1 = -9 + 5 = -4$
$y_2 = -(-1)^2 + 5$
$y_2 = -1 + 5 = 4$

Die Schnittpunkte der beiden Parabeln sind $P(3|-4)$ und $Q(-1|4)$.

Probe:
*Möchte man überprüfen, ob die errechneten Lösungen stimmen, führt man eine **Probe** durch. Dazu setzt man die Koordinaten der beiden Punkte in die andere Funktionsgleichung ein.*
Einsetzen von $P(3|-4)$ in $y = x^2 - 4x - 1$ ergibt: $-4 = 3^2 - 4 \cdot 3 - 1 = 9 - 12 - 1 = -4$ ✓
Einsetzen von $Q(-1|4)$ in $y = x^2 - 4x - 1$ ergibt: $4 = (-1)^2 - 4 \cdot (-1) - 1 = 1 + 4 - 1 = 4$ ✓

Es entstehen wahre Aussagen.
Das bedeutet, dass die Schnittpunkte P und Q richtig berechnet wurden.

Lage der Parabeln und Anzahl der Schnittpunkte
2 Lösungen: Die Parabeln schneiden sich in 2 Punkten.
Diskriminante $D > 0$

1 Lösung: Die Parabeln berühren oder schneiden sich in 1 Punkt.
Diskriminante $D = 0$

Keine Lösung: Die Parabeln haben keinen gemeinsamen Punkt.
Diskriminante $D < 0$

Nehmen Sie nun die Selbsteinschätzung (B) auf Seite 43 vor.

Übungsaufgaben

Hier finden Sie sowohl Standardaufgaben, die den Testaufgaben ähneln, als auch vertiefende Aufgaben, die erhöhte Anforderungen verlangen. An einzelnen Stellen werden Themen aufbereitet, die über den Standardbereich hinausgehen. Diese Stellen sind als Exkurs gekennzeichnet.

1 Parabelgleichung aus zwei Punkten bestimmen → 1

Bestimmen Sie die Gleichung einer verschobenen Normalparabel, die durch die Punkte P und Q verläuft.

a) $P(1|2)$ und $Q(4|-1)$

p: y = ______

b) $P(4|2)$ und $Q(7|5)$

p: y = ______

c) $P(-1|-3)$ und $Q(-4|0)$

p: y = ______

d) $P(0|2)$ und $Q(2{,}5|-1{,}75)$

p: y = ______

Bestimmen Sie die Parabelgleichung $y = ax^2 + c$ der in y-Richtung verschobenen Parabel mit dem Scheitelpunkt S und dem Punkt P.

e) $S(0|-5)$ und $P(2|-3)$

p: y = ______

f) $S(0|2)$ und $P(-2|-6)$

p: y = ______

2 Parabelgleichung aus einem Punkt und einer unvollständigen Gleichung bestimmen → 1

Bestimmen Sie die Parabelgleichung der verschobenen Normalparabel mithilfe des Punktes P.

a) $p: y = x^2 + 4x + c$ und $P(-4|2{,}5)$

c = ____ p: y = ______

b) $p: y = x^2 + bx - 2$ und $P(-3|1)$

b = ____ p: y = ______

3 Schnittpunkte mit den Koordinatenachsen berechnen → 2

Berechnen Sie die Koordinaten der Schnittpunkte N_1 und N_2 mit der x-Achse sowie die Koordinaten des Schnittpunktes S_y mit der y-Achse.

a) $p: y = x^2 + 8x + 7$

N_1(____|____), N_2(____|____) und S_y(____|____)

b) $p: y = x^2 - 7x + 10$

N_1(____|____), N_2(____|____) und S_y(____|____)

4 Schnittpunkte von Parabel und Gerade berechnen → 3

Berechnen Sie die Koordinaten der Schnittpunkte der Parabel p und der Geraden g.

a) $p: y = x^2 - 2x - 3$ und $g: y = 2x - 3$

P(____|____) und Q(____|____)

b) $p: y = x^2 + 4x + 1$ und $g: y = -2x - 4$

P(____|____) und Q(____|____)

Exkurs – Tangenten, Sekanten und Passanten

Es gibt drei Möglichkeiten, wie eine Parabel p und eine Gerade g zueinander liegen können.

zeichnerische Darstellung:

Es gibt **zwei Schnittpunkte**. Die Gerade heißt **Sekante**.

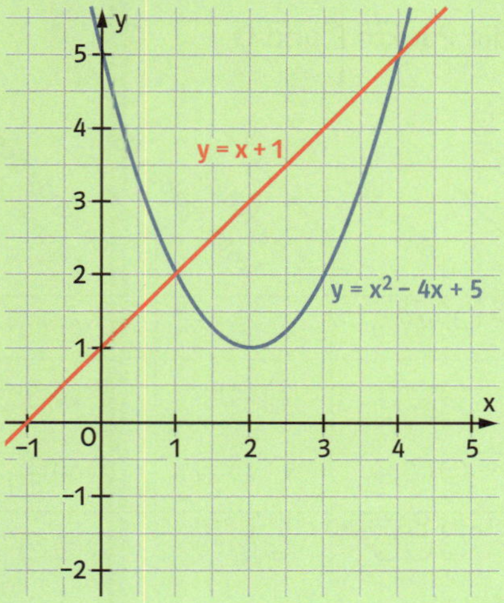

Es gibt **einen Berührpunkt**. Die Gerade heißt **Tangente**.

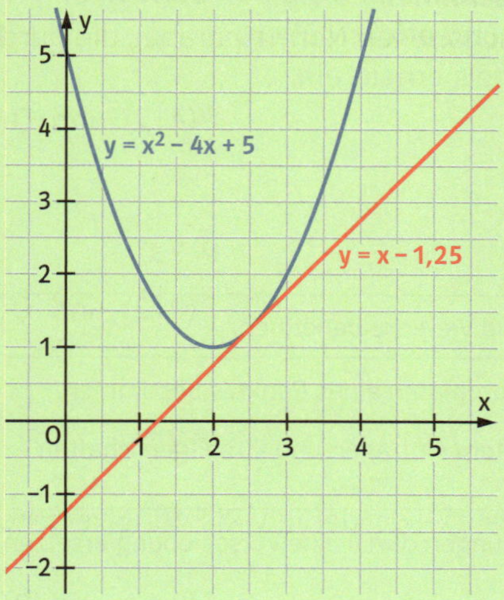

Es gibt **keinen gemeinsamen Punkt**. Die Gerade heißt **Passante**.

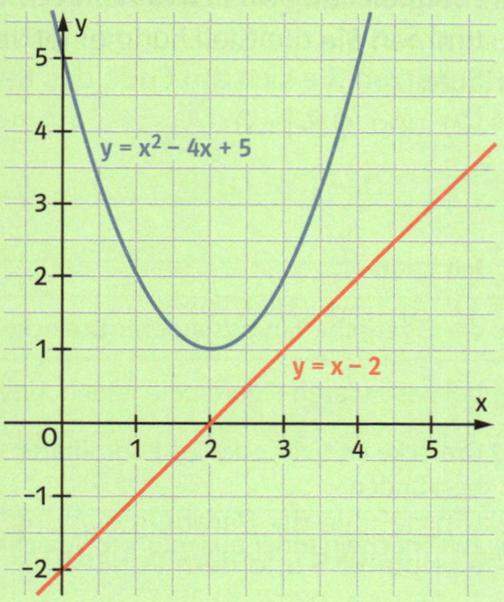

Rechnerisch ergibt sich beim Gleichsetzen der Funktionsterme eine quadratische Gleichung. Die Diskriminante der Lösungsformel kann zur Fallunterscheidung genutzt werden.

pq-Formel: $D = \left(\frac{p}{2}\right)^2 - q$

abc-Formel: $D = b^2 - 4ac$

Beispiel:

Parabel p: $y = x^2 - 4x + 5$ Gerade g: $y = x - 1{,}25$

$x^2 - 4x + 5 = x - 1{,}25 \quad | -x + 1{,}25$

$x^2 - 5x + 6{,}25 = 0$

$D = b^2 - 4ac = 5^2 - 4 \cdot 1 \cdot 6{,}25 = 25 - 25 = 0$

Die Diskriminante hat den Wert 0. Die Gleichung hat also nur eine Lösung. Parabel p und Gerade g haben somit einen gemeinsamen Punkt. Die Gerade g ist daher eine Tangente. Durch Gleichsetzen erhält man T(2,5 | 1,25).

5 a) Überprüfen Sie rechnerisch und zeichnerisch, welche der drei Geraden mit der Parabel p: $y = x^2 + 2x - 1$ zwei, einen oder keinen gemeinsamen Punkt hat und geben Sie die Koordinaten an.

g: $y = 2x - 1$ ____________________

h: $y = \frac{1}{2}x - 2$ ____________________

i: $y = x + 1$ ____________________

b) Die Parabel p: $y = x^2 - 4x + 3$ und die Gerade g: $y = -2x +$ ☐ sollen einen gemeinsamen Punkt haben. Bestimmen Sie den Wert für ☐.

____

6 Schnittpunkte von zwei Parabeln → 4

Bestimmen Sie die Anzahl der Schnittpunkte der beiden Parabeln.

a) p_1: $y = x^2 - 4x + 7$ p_2: $y = x^2 - 10x + 25$

____

b) p_1: $y = -2x^2 + 3$ p_2: $y = \frac{1}{2}x^2 + 3$

____

c) p_1: $y = 2x^2 - 1$ p_2: $y = \frac{1}{2}x^2 + \frac{1}{2}$

____

d) p_1: $y = (x - 1)^2 + 3$ p_2: $y = \frac{1}{5}x^2$

____

Nehmen Sie nun die Selbsteinschätzung (C) auf Seite 43 vor.

In diesem Kapitel wiederholen und üben Sie den Umgang mit geometrischen Figuren im Koordinatensystem.
(A) Schätzen Sie sich zunächst selbst ein.
Bearbeiten Sie die Testaufgaben und werten Sie sie mithilfe der Musterlösungen aus.
(B) Schätzen Sie sich erneut selbst ein. Nun kennen Sie Ihre Stärken und Schwächen und können gezielt und effektiv üben.
(C) Schätzen Sie sich am Ende des Kapitels erneut ein.

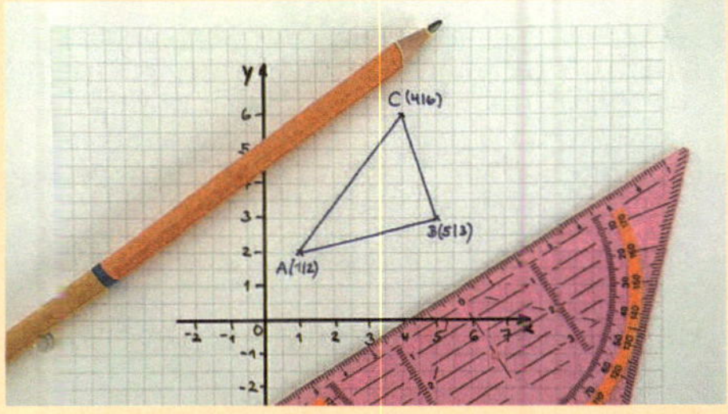

Selbsteinschätzung

Ich kann ...	spontan (A)	nach den Testaufgaben (B)	am Ende des Kapitels (C)
1 die Eigenschaften besonderer Dreiecke und Vierecke benennen.	☺😐☹	☺😐☹	☺😐☹
2 bei besonderen Figuren die fehlenden Koordinaten eines Punktes bestimmen.	☺😐☹	☺😐☹	☺😐☹
3 Dreiecke und Vierecke ins Koordinatensystem eintragen und ihre Eigenschaften begründen.	☺😐☹	☺😐☹	☺😐☹
4 zwei nacheinander ausgeführte Verschiebungen durch eine Verschiebung ersetzen.	☺😐☹	☺😐☹	☺😐☹

Testaufgaben

Mithilfe der Aufgaben 1 bis 4 überprüfen Sie Ihre Selbsteinschätzung (A). Bearbeiten Sie die Testaufgaben. Kontrollieren Sie sie mithilfe der Musterlösungen auf den Seiten 49 und 50.

1 Ergänzen Sie den Satz.

a) Ein gleichseitiges Dreieck hat ________________ ________ Seiten und __________________ Winkel.

b) Beim Parallelogramm sind gegenüberliegende Winkel __________________.

2 Übertragen Sie die Punkte in ein Koordinatensystem. Bestimmen Sie die Koordinaten des fehlenden Punktes so, dass das Viereck

a) ein symmetrisches Trapez ist.
A(−5|−2); B(−1|−2); C(−2|2); D(_____|_____)

b) ein Rechteck ist.
E(−1|0); F(0|−2); G(4|0); H(_____|_____)

c) ein Parallelogramm ist.
I(−1|3); J(4|2); K(4|5); L(_____|_____)

3 Zeichnen Sie im Heft ein Koordinatensystem. Tragen Sie die Punkte ein. Welche Figur entsteht? Begründen Sie Ihre Aussage durch Überprüfung der Seitenlängen bzw. der Innenwinkel.

a) A(0|1); B(4|1); C(5|4); D(1|4)

____

b) A(1|0); B(−1|2); C(−3|0); D(−1|−2)

____

4 Das Dreieck $A_1B_1C_1$ wird 5 LE nach rechts und um 1 LE nach oben verschoben. Es entsteht das Dreieck $A_2B_2C_2$.
Dieses wird anschließend um 2 LE nach links und um 5 LE nach unten verschoben. Dadurch entsteht das Dreieck $A_3B_3C_3$.
Geben Sie eine Verschiebung an, die das Dreieck $A_1B_1C_1$ direkt in das Dreieck $A_3B_3C_3$ überführt.

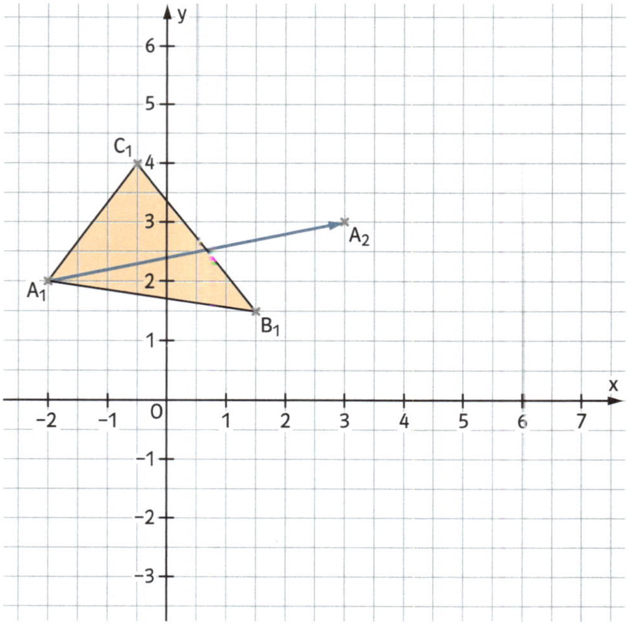

Musterlösungen

Mithilfe der Musterlösungen können Sie Ihre Testaufgaben kontrollieren.

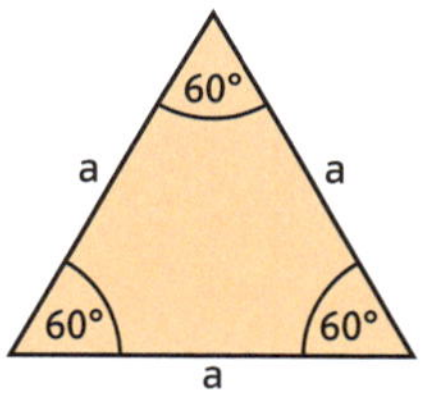

1 Eigenschaften besonderer Figuren kennen → 1

a) Ein gleichseitiges Dreieck hat drei gleich lange Seiten und drei gleich große Winkel (mit jeweils 60°).

b) Beim Parallelogramm sind gegenüberliegende Winkel gleich groß.

2 Fehlende Koordinaten eines Punktes bestimmen → 2

Zunächst zeichnet man die drei gegebenen Punkte ein. Dann vervollständigt man das Viereck und liest die Koordinaten des vierten Punktes ab.

a) Das gelbe Viereck ist ein symmetrisches Trapez. Für den Punkt D gilt D(−4 | 2).

b) Das blaue Viereck ist ein Rechteck. Für den Punkt H gilt H(3 | 2).

c) Das grüne Viereck ist ein Parallelogramm. Für den Punkt L gilt: L(−1 | 6).

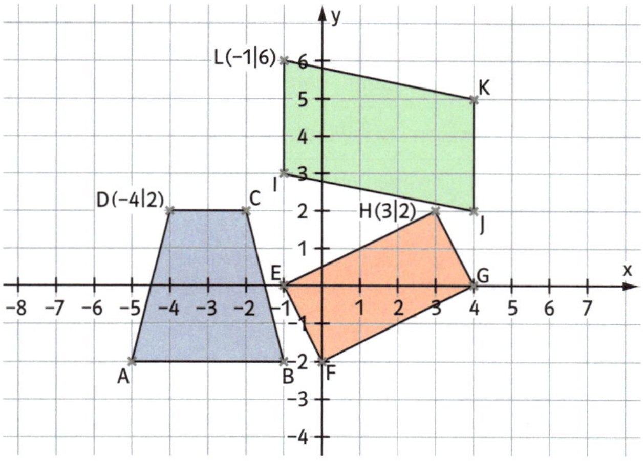

Erkennen von Figuren
Die Seitenlängen lassen mithilfe des Satzes von Pythagoras oder den Winkelfunktionen berechnen. Mit den Winkelfunktionen können auch die Winkel überprüft werden.

Abzählen von Kästchen
Um die fehlenden Koordinaten von Punkten bestimmen zu können, zählt man häufig Kästchen ab. Die Koordinaten lassen sich aber auch rechnerisch bestimmen.

3 Einzeichnen von Punkten ins Koordinatensystem → 3

Zur Bestimmung der entstehenden Figuren müssen die Seitenlängen bzw. die Innenwinkel überprüft werden.

a)

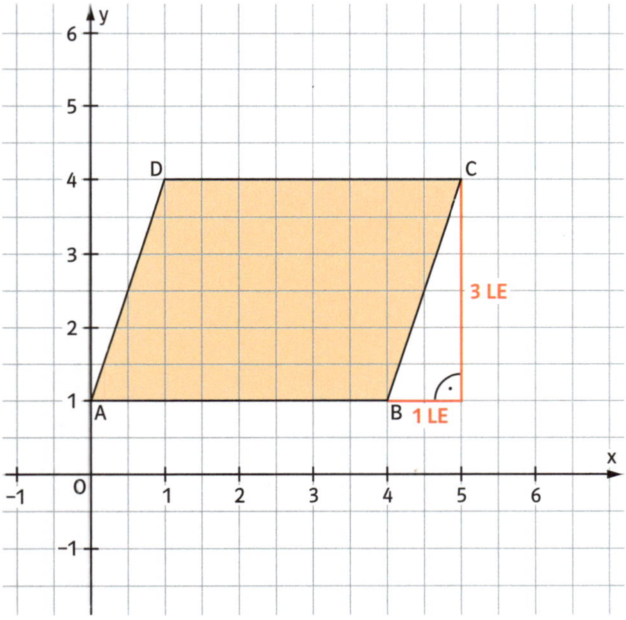

b)

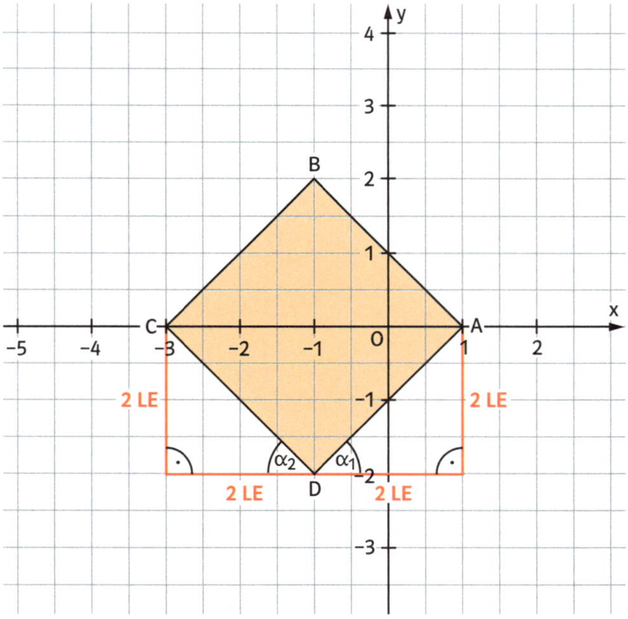

Die Strecken $\overline{AB} = \overline{CD}$ messen 4 Längeneinheiten (4 LE).
Die Strecken $\overline{BC}$ und $\overline{DA}$ sind ebenfalls gleich lang.
Mit dem Satz von Pythagoras gilt:

$\overline{BC}^2 = \overline{DA}^2 = 3^2 + 1^2 = 10$
$\overline{BC} = \overline{DA} = \sqrt{10}$ LE
Das Viereck ist somit ein Parallelogramm.

Mithilfe des Satzes von Pythagoras ergibt sich:

$\overline{DA}^2 = 2^2 + 2^2 = 8$
$\overline{DA} = \overline{AB} = \overline{BC} = \overline{CD} = \sqrt{8}$ LE
Zudem gilt: Das Dreieck ADE ist gleichschenklig rechtwinklig. Damit gilt für α_1 und α_2: $\alpha_1 = \alpha_2 = 45°$.
Das Viereck ABCD hat also vier rechte Winkel.
Es ist ein Quadrat.

4 Zwei nacheinander ausgeführte Verschiebungen durch eine Verschiebung ersetzen

Eine erste Verschiebung erzeugt aus dem Dreieck $A_1B_1C_1$ das Dreieck $A_2B_2C_2$. Dabei wird jeder Punkt um 5 LE nach rechts und um 1 LE nach oben verschoben. Bei der zweiten Verschiebung wird jeder Punkt um 2 LE nach links und um 5 LE nach unten verschoben. So entsteht das Dreieck $A_3B_3C_3$.

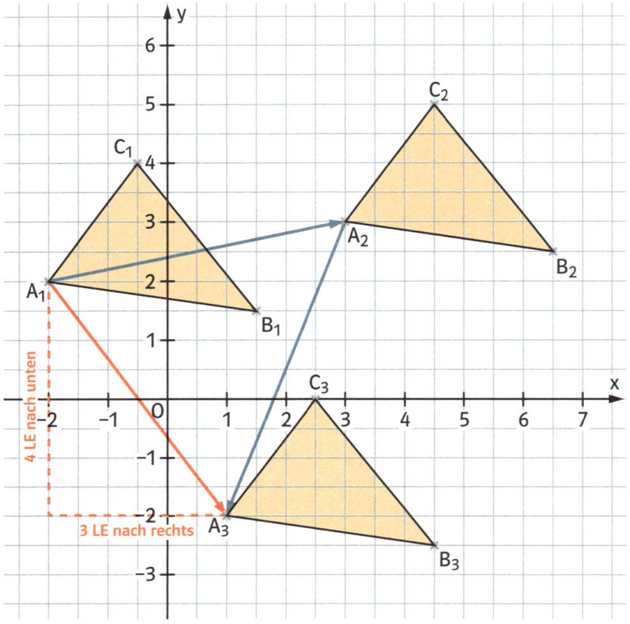

Um mit einer einzigen Verschiebung das Dreieck $A_3B_3C_3$ aus dem Dreieck $A_1B_1C_1$ zu erzeugen, muss jeder Punkt um 3 LE nach rechts und um 4 LE nach unten verschoben werden. *Dies lässt sich auch rechnerisch begründen.*

Verschiebung in **waagerechter Richtung**:
5 LE nach rechts und 2 LE nach links ergeben 3 LE nach rechts.

Verschiebung in **senkrechter Richtung**:
1 LE nach oben und 5 LE nach unten ergeben 4 LE nach unten.

Nehmen Sie nun die Selbsteinschätzung (B) auf Seite 48 vor.

Verkettung von Verschiebungen
Zwei nacheinander ausgeführte Verschiebungen lassen sich durch eine Verschiebung ersetzen.
Statt Verschiebung sagt man auch **Parallelverschiebung**.

Übungsaufgaben

Hier finden Sie Standardaufgaben und Testaufgaben als auch vertiefende Aufgaben, die erhöhte Anforderungen verlangen. An einzelnen Stellen werden Themen aufbereitet, die über den Standardbereich hinausgehen. Diese Stellen sind als Exkurs gekennzeichnet.

1 Eigenschaften von Figuren angeben → 1

a) Ein Dreieck mit genau zwei gleich großen Winkeln ist ein

_______________________ Dreieck.

b) Ein Dreieck mit drei gleich langen Seiten hat _______________

_______________ Winkel.

c) Ein Parallelogramm mit vier rechten Winkeln ist ein _______________.

d) Ein Rechteck mit vier gleich langen Seiten ist ein _______________.

e) Ein symmetrisches Trapez hat mindestens _______________ gleich lange Seiten und _______________ parallele Seiten.

2 Koordinaten von Figuren angeben → 2, 3

Fügt man zu einem Dreieck einen Punkt D hinzu, entsteht ein Viereck. Bestimmen Sie die Koordinaten des Punktes D so, dass

a) das Dreieck $A_1B_1C_1$ ein Parallelogramm wird. D_1(_____ | _____)

b) das Dreieck $A_2B_2C_2$ ein Quadrat wird.
D_2(_____ | _____)

c) das Dreieck $A_3B_3C_3$ ein Rechteck wird.
D_3(_____ | _____)

d) Beim Quadrat $A_2B_2C_2D_2$ schneiden sich die Diagonalen im Punkt M_2. Bestimmen Sie die Koordinaten des Punktes.
M_2(_____ | _____)

e) Beim Rechteck $A_3B_3C_3D_3$ schneiden sich die Diagonalen im Punkt M_3. Bestimmen Sie die Koordinaten des Punktes.
M_3(_____ | _____)

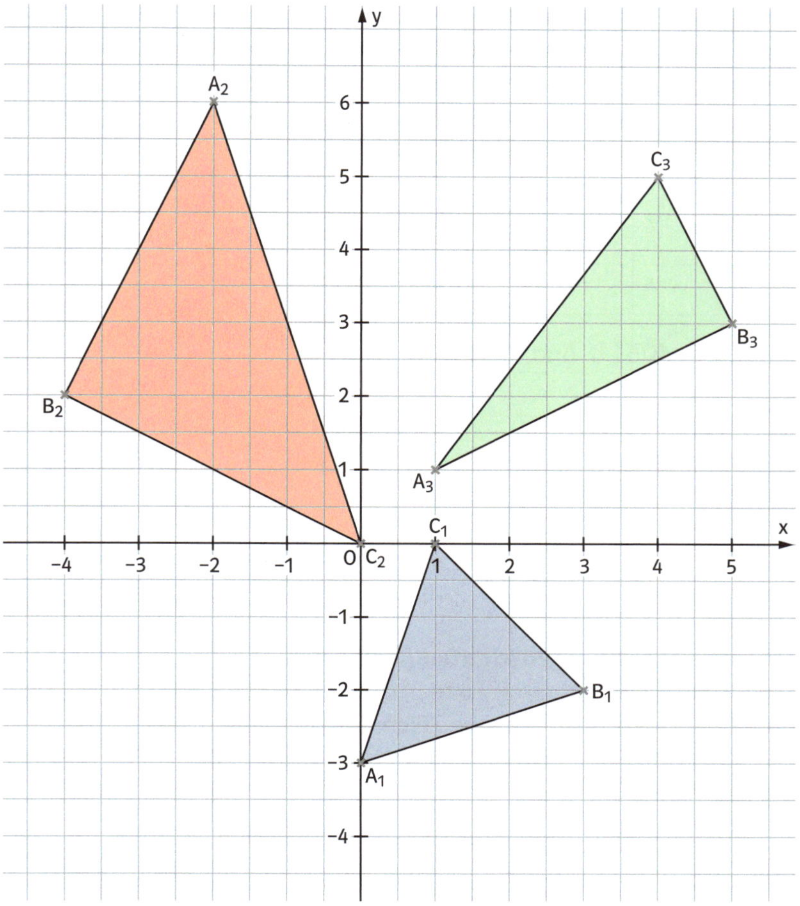

3 Figuren ins Koordinatensystem eintragen → 3

Zeichnen Sie im Heft ein Koordinatensystem und tragen Sie die Punkte ein. Wie heißt die Figur?

a) A(−4 | 1); B(2 | 3); C(4 | 6); D(−2 | 4)

____

b) E(−3 | −1); F(2 | −3); G(4 | 2); H(−1 | 4)

____

c) I(−3 | 3); J(1 | 1); K(5 | 3); L(1 | 5)

____

d) M(−4 | 1); N(1 | −4); P(3 | 1); Q(1 | 3)

____

4 Mit der Parallelverschiebung umgehen können → 4

Das Dreieck $A_1B_1C_1$ hat die Punkte $A_1(2 | 1)$, $B_1(4 | 2)$ und $C_1(3 | 4)$.
Durch eine Verschiebung entsteht das Dreieck $A_2B_2C_2$ mit dem Punkt $A_2(0 | 2)$.

a) Bestimmen Sie die Koordinaten der Punkte B_2 und C_2.
B_2(_____ | _____) und C_2(_____ | _____)

b) Das Dreieck $A_3B_3C_3$ hat die Punkte $A_3(-3 | -2)$, $B_3(-1 | -1)$ und $C_3(-2 | 1)$.
Geben Sie eine Verschiebung an, die das Dreieck $A_1B_1C_1$ direkt in das Dreieck $A_3B_3C_3$ überführt.

____

____

____

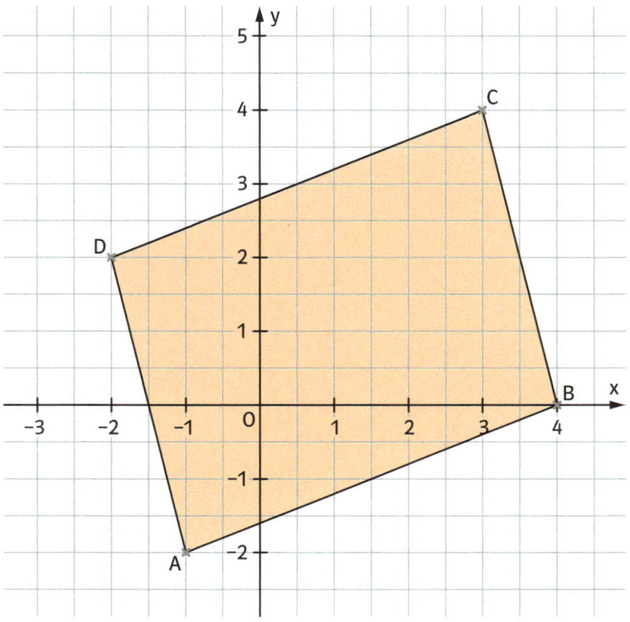

5 Längen und Winkel berechnen → 3

Gegeben ist das Dreieck ABC. Berechnen Sie den Umfang u des Dreiecks und die Innenwinkel α, β und γ. Fertigen Sie zunächst eine Zeichnung an.

a) A(1|2); B(5|2) und C(5|5)

b) A(−1|−1); B(5|1) und C(1|5)

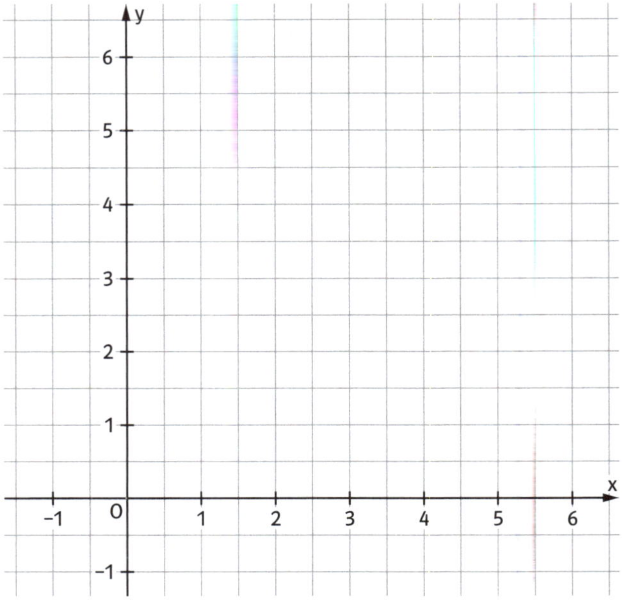

6 Dreieck auf seine Eigenschaften überprüfen → 3

Das Dreieck ABC hat die Punkte A(5|5); B(−3|5); und C(1|1). Fertigen Sie eine Zeichnung in Ihrem Heft an. Prüfen Sie rechnerisch nach und kreuzen Sie an, was richtig ist.

☐ Das Dreieck ist gleichschenklig.

☐ Das Dreieck ist rechtwinklig.

☐ Das Dreieck ist gleichseitig.

7 Rechnen mit Koordinaten → 3

Nennen Sie die Koordinaten des Vierecks ABCD.

A(____|____); B(____|____); C(____|____);

D(____|____)

Weisen Sie rechnerisch nach, dass das Viereck ABCD ein Parallelogramm ist.

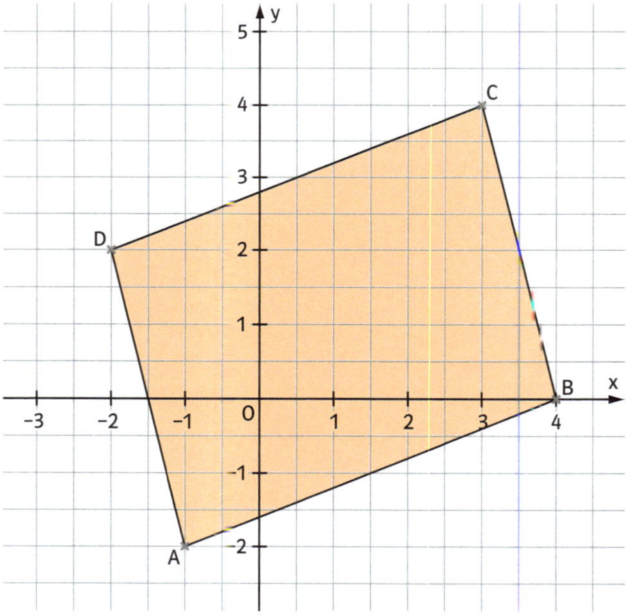

Bestimmen Sie die Seitenmitten M_1 bis M_4 der vier Parallelogrammseiten.

M_1(____|____); M_2(____|____);

M_3(____|____) und M_4(____|____)

Beschreiben Sie die Eigenschaften des Vierecks $M_1M_2M_3M_4$.

Tina behauptet, die Innenwinkel des Vierecks ABCD und des Vierecks $M_1M_2M_3M_4$. sind gleich groß. Hat sie Recht? Begründen Sie Ihre Aussage rechnerisch.

Exkurs – Kartesisches Koordinatensystem

8 Die Abbildung zeigt einen Würfel. Geben Sie die Koordinaten der acht Eckpunkte an.

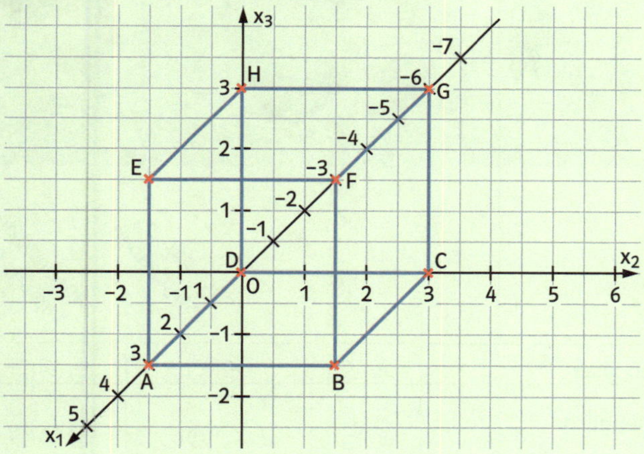

9 Ein Würfel hat die Eckpunkte A(4|−1|0); B(4|3|0); C(0|3|0); D(0|−1|0); E(4|−1|4); F(4|3|4); G(0|3|4) und H(0|−1|4).

a) Zeichnen Sie den Würfel ins Koordinatensystem.

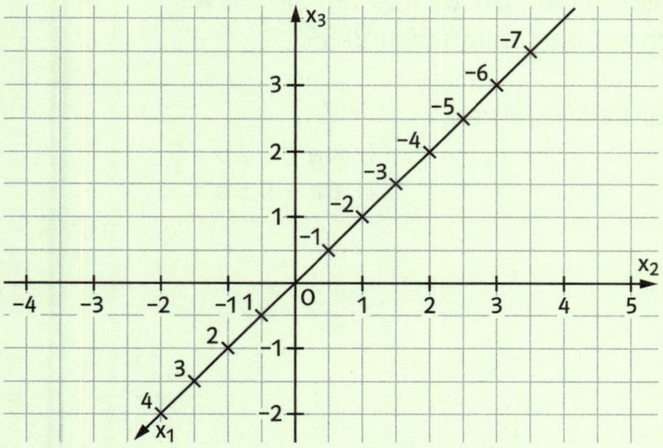

b) Bestimmen Sie die Koordinaten des Schnittpunkts der Grundflächendiagonalen.

c) Bestimmen Sie die Koordinaten des Schnittpunkts der Raumdiagonalen.

10 Eine quadratische Pyramide wird in ein kartesisches Koordinatensystem gezeichnet. Die Pyramide ist 5 LE hoch. Vervollständigen Sie die Pyramide. Bestimmen Sie die Koordinaten der Spitze S.

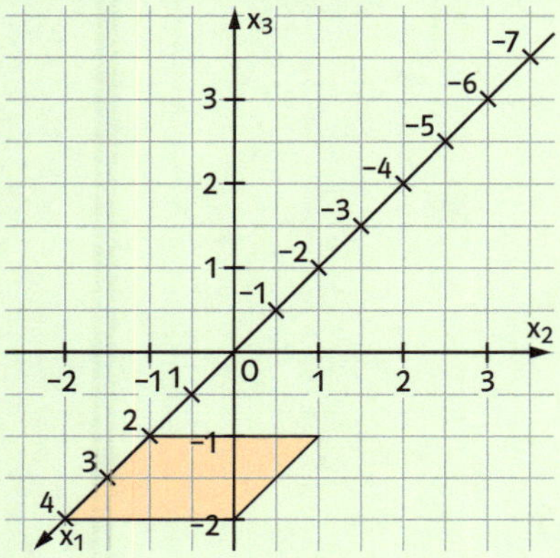

S(___|___|___)

Ebene Figuren lassen sich mithilfe des bekannten Koordinatensystems abbilden.

Um Würfel, Quader oder quadratische Pyramiden in einem Koordinatensystem darstellen zu können, benötigt man jedoch eine dritte Achse. Alle drei Achsen stehen paarweise aufeinander senkrecht. Sie schneiden sich im Ursprung O.

Die x_1-Achse wird „nach vorne" gezeichnet, die x_2-Achse „nach rechts" und die x_3-Achse „nach oben".
Die x_1-Achse verläuft durch die Diagonalen der Kästchen. Die Einheiten auf der x_1-Achse werden so verkürzt, dass die Länge einer „Kästchendiagonale" die Einheit darstellt.

Angabe von Punkten im kartesischen Koordinatensystem
Die Punkte im kartesischen Koordinatensystem haben drei Werte. Um den Punkt P(4|3|4) darzustellen, geht man vom Ursprung O aus 4 Einheiten in x_1-Richtung, 3 Einheiten in x_2-Richtung und 4 Einheiten in x_3-Richtung.

Beispiel: Die Abbildung zeigt einen Quader, bei dem die Punkte A, B und C angegeben sind.

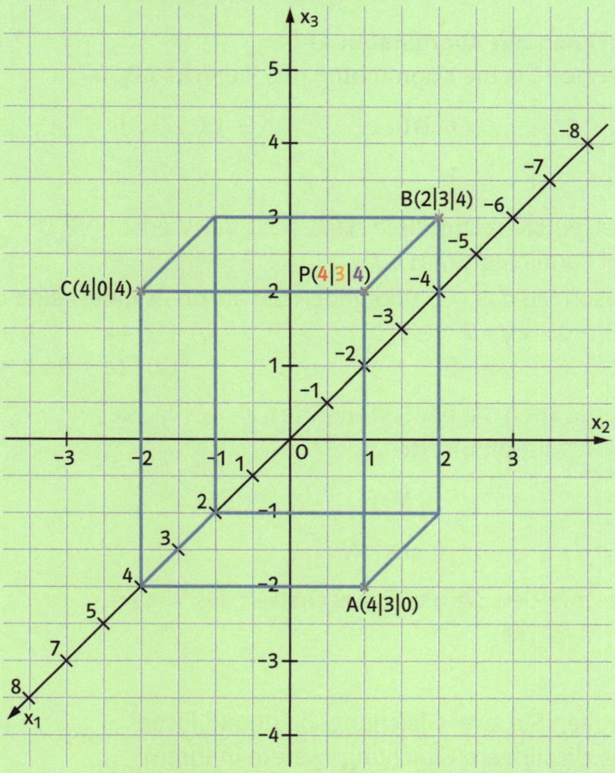

Man erkennt, dass der Quader eine Grundfläche mit den Maßen 2 LE und 3 LE hat. Die Höhe des Quaders beträgt 4 LE.

Nehmen Sie nun die Selbsteinschätzung (C) auf Seite 48 vor.

In diesem Kapitel lernen Sie, dreistufige lineare Gleichungssysteme mit dem Additionsverfahren zu lösen.

(A) Schätzen Sie sich zunächst selbst ein. Bearbeiten Sie die Testaufgaben und werten Sie sie mithilfe der Musterlösungen aus.

(B) Schätzen Sie sich erneut selbst ein. Nun kennen Sie Ihre Stärken und Schwächen und können gezielt und effektiv üben.

(C) Schätzen Sie sich am Ende des Kapitel erneut ein.

Selbsteinschätzung

Ich kann ...	spontan (A)	nach den Testaufgaben (B)	am Ende des Kapitels (C)
1 ein lineares Gleichungssystem (LGS) mit dem Additionsverfahren lösen.	☺😐☹	☺😐☹	☺😐☹
2 an der Lösungsmenge erkennen, ob das LGS eine, keine oder unendlich viele Lösungen hat.	☺😐☹	☺😐☹	☺😐☹
3 Anwendungsaufgaben mit einem LGS lösen.	☺😐☹	☺😐☹	☺😐☹

Testaufgaben

Mithilfe der Aufgaben 1 bis 3 überprüfen Sie Ihre Selbsteinschätzung (A). Bearbeiten Sie die Testaufgaben. Kontrollieren Sie sie mithilfe der Musterlösungen auf den Seiten 55 und 56.

1 Lösen Sie das lineare Gleichungssystem (LGS) mit dem Additionsverfahren.

a) (1) $3x - 5y = 6$
(2) $-3x + 7y = -8$

b) (1) $x_1 + 3x_2 = 2$
(2) $-2x_1 - x_2 = 6$

c) (1) $4a + 2b = 5$
(2) $6a + 0{,}5b = 10$

2 Lösen Sie das LGS und geben Sie an, ob es eine, keine oder unendlich viele Lösungen hat.

a) (1) $-2x + y = 7$
(2) $6x - y = -5$

b) (1) $4a + b = -1$
(2) $2a + 0{,}5b = 3$

c) (1) $-5x_1 + 2x_2 = -8$
(2) $2{,}5x_1 - x_2 = 4$

3 Stellen Sie zwei Gleichungen auf und lösen Sie das lineare Gleichungssystem in Ihrem Heft. Bauer Huber hat Hühner und Schafe. Zusammen haben die Tiere 39 Köpfe und 112 Beine. Wie viele Hühner und wie viele Schafe hat Bauer Huber?

(1)

(2)

Musterlösungen

1 Additionsverfahren → 1

Beim Additionsverfahren werden die beiden linken und die beiden rechten Terme addiert. Ziel ist es, eine Gleichung mit einer Variablen zu erhalten.

a) (1) $3x - 5y = 6$
(2) $-3x + 7y = -8$ ⤸+

Die Gleichungen enthalten zwei Variablen. Man formt daher das LGS so um, dass beim Addieren der Gleichungen eine Variable wegfällt.

(1) $3x - 5y = 6$
(2′) = (1) + (2) $2y = -2$

*Das LGS hat nun **Stufenform**, d.h. Gleichung (1) enthält zwei Variablen und Gleichung (2′) enthält nur eine Variable. Diese kann leicht gelöst werden:*

(2′) $2y = -2 \quad |:2$
$y = -1$

Das Ergebnis setzt man nun in Gleichung (1) ein:

(1) $3x - 5 \cdot (-1) = 6 \quad |-5$
$3x + 5 = 6$
$3x = 1 \quad |:3$
$x = \frac{1}{3}$

Lösung ist $x = \frac{1}{3}$ und $y = -1$.

Addition kennzeichnen
Werden zwei Gleichungen eines linearen Gleichungssystems addiert, so wird diese Umformung durch einen Pfeil gekennzeichnet, der diese beiden Gleichungen verbindet.

⤸+ bzw. ⤹+

Rückwärtseinsetzen
Das schrittweise Lösen eines linearen Gleichungssystems in Stufenform „von unten nach oben" nennt man auch **Rückwärtseinsetzen**.

b) (1) $x_1 + 3x_2 = 2 \quad |\cdot 2$
(2) $-2x_1 - x_2 = 6$

(1′) $2x_1 + 6x_2 = 4$
(2) $-2x_1 - x_2 = 6$ ⤸+

(1′) $2x_1 + 6x_2 = 4$
(2′) = (1′) + (2) $5x_2 = 10$

Das LGS hat jetzt Stufenform. Es kann durch Rückwärtseinsetzen gelöst werden.

Aus (2′) folgt: $5x_2 = 10 \quad |:5$
$x_2 = 2$
In (1′) einsetzen: $x_1 + 3 \cdot 2 = 2$
$x_1 + 6 = 2 \quad |-6$
$x_1 = -4$
Lösung ist $x_1 = -4$ und $x_2 = 2$.

c) (1) $4a + 2b = 5 \quad |\cdot 3$
(2) $6a + 0{,}5b = 10 \quad |\cdot(-2)$

(1′) $12a + 6b = 15$
(2′) $-12a - b = -20$ ⤸+

(1′) $12a + 6b = 15$
(2″) $5b = -5$

Das LGS hat jetzt Stufenform.
Rückwärtseinsetzen ergibt:

Aus (2″) folgt: $5b = -5 \quad |:5$
$b = -1$
In (1) einsetzen: $4a + 2 \cdot (-1) = 5$
$4a - 2 = 5 \quad |+2$
$4a = 7 \quad |:4$
$a = 1{,}75$
Lösung ist $a = 1{,}75$ und $b = -1$.

2 Lösungsvielfalt → 1, 2

a) (1) $-2x + y = 7$
(2) $6x - y = -5$ ⤸+

(1) $-2x + y = 7$
(2′) $4x = -2$

Rückwärtseinsetzen ergibt:
Aus (2′) folgt: $4x = -2 \quad |:4$
$x = -0{,}5$

In (1): $-2 \cdot (-0{,}5) + y = 7$
$1 + y = 7 \quad |-1$
$y = 6$
Es gibt eine Lösung:
das Zahlenpaar $(-0{,}5\,;\,6)$.

b) (1) $4a + b = -1$
(2) $2a + 0{,}5b = 3 \quad |\cdot(-2)$

(1) $4a + b = -1$
(2′) $-4a - b = -6$ ⤸+

(1) $4a + b = -1$
(2″) $0 = -7$
Das LGS hat keine Lösung.

unlösbares Gleichungssystem
Unabhängig davon, welche Werte man für a und b in (1) einsetzt, ist stets (2″) $0 \neq -7$
Somit ist das LGS unlösbar.

c) (1) $-5x_1 + 2x_2 = -8$
(2) $2{,}5x_1 - x_2 = 4 \quad |\cdot 2$

(1) $-5x_1 + 2x_2 = -8$
(2′) $5x_1 - 2x_2 = 8$ ⤸+

(1) $-5x_1 + 2x_2 = -8$
(2″) $0 = 0$
Die Gleichung (2″) ist immer richtig. x_1 und x_2 werden so gewählt, dass Gleichung (1) erfüllt ist. Das LGS hat unendlich viele Lösungen.

3 Anwendungsaufgabe LGS → 3

Die unbekannten Größen sind die Anzahl der Hühner und die Anzahl der Schafe. Diese werden mit Variablen belegt:

x ist die Anzahl der Hühner,
y ist die Anzahl der Schafe.
Da jedes Huhn und jedes Schaf einen Kopf hat, ergibt sich daraus die Gleichung (1):

$x + y = 39.$

Jedes Huhn hat zwei Beine und jedes Schaf hat 4 Beine. Dies ergibt Gleichung (2):

$2x + 4y = 112.$

Somit erhält man folgendes LGS:

(1) $x + y = 39 \quad | \cdot (-2)$
(2) $2x + 4y = 112$

(1′) $-2x - 2y = -78$
(2) $2x + 4y = 112$ +

(1′) $-2x - 2y = -78$
(2′) $2y = 34$

Aus (2′) folgt: $y = 17$

In (1) einsetzen: $x + 17 = 39 \quad | -17$

$x = 22$

Bauer Huber hat 22 Hühner und 17 Schafe.

Schätzen Sie sich auf Seite 54 erneut ein (B).

Übungsaufgaben

1 Additionsverfahren → 1

Lösen Sie das lineare Gleichungssystem mit dem Additionsverfahren.

a) (1) $3x - 2y = -22$
(2) $7x + 6y = 2$

b) (1) $5x + 2y = 16$
(2) $8x - 3y = 7$

c) (1) $5x + 4y = 29$
(2) $-2x + 15y = 5$

2 Lösungsvielfalt – Anzahl der Lösungen bestimmen → 1, 2

Entscheiden Sie, ob das LGS eine, keine oder unendlich viele Lösungen hat.

a) (1) $-0{,}75x + 5y = -1{,}25$
(2) $2{,}25x - 15y = 3{,}75$

b) (1) $1{,}5x + 3y = 10{,}5$
(2) $6x - 4y = 2$

c) (1) $\frac{3}{4}x - \frac{1}{2}y = 0$
(2) $15x - 10y = 12$

Gleichungen mit Brüchen
Gleichungen mit Brüchen zuerst mit dem Hauptnenner der Brüche multiplizieren.

3 Lösungsvielfalt – LGS ergänzen → 1, 2

Füllen Sie die Lücke so aus, dass das lineare Gleichungssystem

a) (1) $4x + 3y = 16$
(2) $-4x -$ ___ $= 10$ eine Lösung hat.

b) (1) $0{,}5x + 1{,}5y = 5$
(2) ___ $- 1{,}5y = -3$ eine Lösung hat.

c) (1) $4x + 3y = 16$
(2) $-4x - 3y =$ ___ keine Lösung hat.

d) (1) $0{,}5x + 1{,}5y = 5$
(2) ___ $- 1{,}5y = -3$ keine Lösung hat.

e) (1) $4x + 3y = 16$
(2) $-4x -$ ___ $= -16$ unendlich viele Lösungen hat.

f) (1) $0{,}5x + 1{,}5y = 5$
(2) ___ $+ 3y = 10$ unendlich viele Lösungen hat.

4 Anwendungsaufgabe – Waagen → 3

Beide Waagen sind im Gleichgewicht.

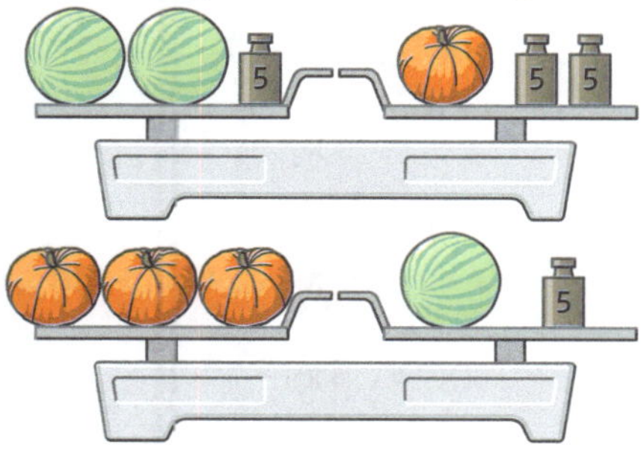

Wie schwer ist ein Kürbis?
Wie schwer ist eine Melone?

Exkurs – LGS mit 3 Variablen in Stufenform lösen → 1

Das lineare Gleichungssystem liegt in Stufenform vor. Man kann die Lösung leicht bestimmen, indem man es von unten nach oben durch **Rückwärtseinsetzen** löst.
Aus der dritten Gleichung folgt $x_3 = -2$.
Setzt man $x_3 = -2$ in die zweite Gleichung ein, erhält man
$2x_2 + 5 \cdot (-2) = -6$, also $x_2 = 2$.
Einsetzen von $x_2 = 2$ und $x_3 = -2$ in die erste Gleichung ergibt
$2x_1 - 3 \cdot 2 + (-2) = -2$, also $x_1 = 3$.
Die Lösung lautet $x_1 = 3$; $x_2 = 2$; $x_3 = -2$.

$$\begin{aligned} 2x_1 - 3x_2 + x_3 &= -2 \\ 2x_2 + 5x_3 &= -6 \\ -2x_3 &= 4 \end{aligned}$$

Stu- fen- form
fen- form
form

5 LGS in Stufenform → 1

Bestimmen Sie für das LGS in Stufenform die Lösung.

a) (1) $2x_1 - 3x_2 - 5x_3 = -1$
(2) $2x_2 + x_3 = 0$
(3) $3x_3 = 6$

b) (1) $3x_1 + 8x_2 - 3x_3 = 5$
(2) $4x_2 + x_3 = 1$
(3) $-5x_3 = 10$

c) (1) $3x_1 + 4x_2 + 6x_3 = 5$
(2) $17x_2 + 24x_3 = 16$
(3) $2x_3 = 7$

Exkurs – Beliebiges LGS mit drei Variablen lösen → 1

Man versucht ein LGS durch sogenannte **Äquivalenzumformungen**, die die Lösungsmenge des LGS nicht verändern, in Stufenform zu bringen.
Diese Äquivalenzumformungen sind:

$$\begin{array}{rl} -x_2 + 1{,}5x_3 &= -1 \\ x_1 - 2x_2 + 3x_3 &= 1 \\ 3x_2 - 5x_3 &= 2 \end{array}$$

(1) Zwei Gleichungen miteinander vertauschen:
Damit wird häufig erreicht, dass die Gleichung mit dem Koeffizienten 1 bei x_1 ganz oben steht. Beachten Sie $x_1 = 1 \cdot x_1$.

$$\begin{array}{rll} x_1 - 2x_2 + 3x_3 &= 1 & \\ -x_2 + 1{,}5x_3 &= -1 & | \cdot (-2) \\ 3x_2 - 5x_3 &= 2 & \end{array}$$

(2) Eine Gleichung mit einer Zahl d ≠ 0 multiplizieren:
Dadurch werden die Koeffizienten in der Gleichung einfacher.

$$\begin{array}{rll} x_1 - 2x_2 + 3x_3 &= 1 & \\ 2x_2 - 3x_3 &= 2 & | \cdot 3 \\ 3x_2 - 5x_3 &= 2 & | \cdot (-2) \end{array}$$

(3) Zwei Gleichungen durch ein Vielfaches (d ≠ 0) dieser Gleichung und einer zweiten Gleichung ersetzen:

$$\begin{array}{rl} x_1 - 2x_2 + 3x_3 &= 1 \\ 6x_2 - 9x_3 &= 6 \\ -6x_2 + 10x_3 &= -4 \end{array}$$

(4) Zwei Gleichungen addieren: +
Dadurch tritt eine Variable in dieser Gleichung nicht mehr auf, somit wird schrittweise die Stufenform erreicht.
Ist die Stufenform erreicht, kann durch **Rückwärtseinsetzen** die Lösung bestimmt werden.
Man erhält nacheinander $x_3 = 2$, $x_2 = 4$, $x_1 = 3$.
Die Lösung ist $x_1 = 3$; $x_2 = 4$; $x_3 = 2$.

$$\begin{array}{rl} x_1 - 2x_2 + 3x_3 &= 1 \\ 6x_2 - 9x_3 &= 6 \\ x_3 &= 2 \end{array}$$

6 LGS mit drei Variablen → 1

Bestimmen Sie die Lösung des LGS.

a) (1) $2x_1 + 4x_2 + 2x_3 = 7$
(2) $4x_2 + 2x_3 = 8$
(3) $4x_2 - x_3 = -1$

b) (1) $3x_1 - 4x_2 + x_3 = 4$
(2) $3x_1 + x_2 - 2x_3 = 1$
(3) $3x_3 = 6$

c) (1) $4x_1 - 2x_2 + 2x_3 = 3$
(2) $3x_2 + 3x_3 = -3$
(3) $8x_1 + 2x_2 + 8x_3 = 1$

7 LGS mit drei Variablen → 1

Bestimmen Sie die Lösung des LGS in Ihrem Heft.

a) (1) $10x_1 + 3x_2 - 2x_3 = 3$
(2) $5x_3 = 10$
(3) $2x_1 - x_2 - 3x_3 = 1$

$x_1 =$ ____; $x_2 =$ ____; $x_3 =$ ____

b) (1) $x_1 + 2x_2 - 2x_3 = 4$
(2) $x_2 - 2x_3 = -1$
(3) $4x_2 + 3x_3 = 7$

$x_1 =$ ____; $x_2 =$ ____; $x_3 =$ ____

c) (1) $2x_1 - 3x_2 - x_3 = 1$
(2) $2x_2 + 3x_3 = 1$
(3) $4x_1 + 2x_2 + 3x_3 = 6$

$x_1 =$ ____; $x_2 =$ ____; $x_3 =$ ____

8 **Bestimmung einer Funktionsgleichung mit dem Additionsverfahren → 1, 3**

(1) Lineare Funktion – Gerade

Berechnen Sie die Gleichung der Geraden durch die Punkte A und B, indem sie zuerst die Koordinaten der beiden Punkte in die Hauptform der Geradengleichung $y = mx + c$ einsetzen und anschließend das LGS lösen.

a) $A(2|4)$ und $B(3|2)$

b) $A(-2|3)$ und $B(5|-0{,}5)$

(2) Quadratische Funktion – Parabel

Berechnen Sie die Gleichung der Parabel durch die Punkte A, B und C, indem Sie zuerst die Koordinaten der drei Punkte in die Parabelgleichung $y = ax^2 + bx + c$ einsetzen und anschließend das LGS lösen.

a) $A(0|2)$, $B(2|4)$ und $C(3|14)$

b) $A(-2|-3)$, $B(0|3)$ und $C(2|-3)$

Schätzen Sie sich noch einmal auf Seite 54 ein (C).

Reale Situationen werden häufig in Diagrammen dargestellt. In diesem Kapitel wird geübt, wie Diagramme interpretiert und damit Fragen aus dem Alltag beantwortet werden können.

(A) Schätzen Sie sich zunächst selbst ein.
Bearbeiten Sie die Testaufgaben und werten Sie diese mithilfe der Musterlösungen aus.

(B) Schätzen Sie sich erneut selbst ein.
Nun kennen Sie Ihre Stärken und Schwächen und können gezielt und effektiv üben.

(C) Schätzen Sie sich am Kapitelende erneut ein.

Selbsteinschätzung

Ich kann ...	spontan (A)	nach den Testaufgaben (B)	am Ende des Kapitels (C)
1 Informationen, die in Texten, Tabellen oder Diagrammen dargestellt sind, herauslesen und mit eigenen Worten wiedergeben.	☺😐☹	☺😐☹	☺😐☹
2 ein Schaubild, das einen zeitlichen Verlauf darstellt, interpretieren.	☺😐☹	☺😐☹	☺😐☹
3 das Schaubild einer Funktion, die einen realen Sachverhalt beschreibt, interpretieren und Aussagen begründen.	☺😐☹	☺😐☹	☺😐☹

Testaufgaben

Mithilfe der Aufgaben 1 bis 3 überprüfen Sie Ihre Selbsteinschätzung (A). Bearbeiten Sie die Testaufgaben. Kontrollieren Sie sie mithilfe der Musterlösungen auf den Seiten 63 und 64.

1 Das Schaubild zeigt die Neuschneesummen in Waidring in Tirol seit dem Winter 1996/97. Markieren Sie Ihre Antworten im Diagramm.

a) In welchem Winter wurde die größte, wann die kleinste Neuschneesumme gemessen?

____

____

____

b) In wie vielen Wintern lagen die Neuschneesummen über dem langjährigen Durchschnitt von 400 cm?

____

____

____

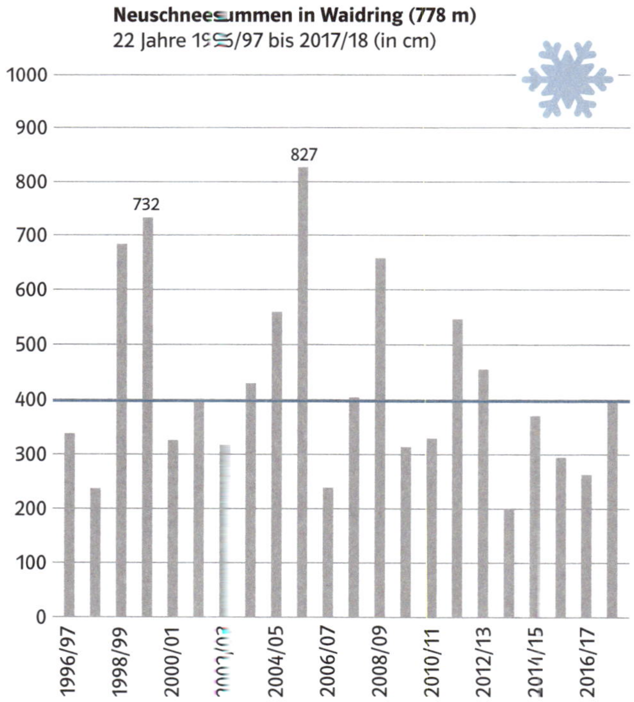

c) Lena, die dort jeden zweiten Winter ihren Skiurlaub verbringt, behauptet: „Die Zunahme der Neuschneesumme war von Winter 1997/98 bis Winter 1999/2000 am größten.“ Nehmen Sie Stellung.

____

____

____

____

2 Mit dem Navi in der S-Bahn

Peters Vater hat ein neues Navi. Peter hat entdeckt, dass dieses Navi die Position im Sekundentakt speichert, sodass man daraus ein Weg-Zeit-Diagramm der Fahrt erstellen kann. Peter fährt mit der S-Bahn zur Schule, zeichnet dabei die Fahrt auf und erhält die **blaue Kurve**.

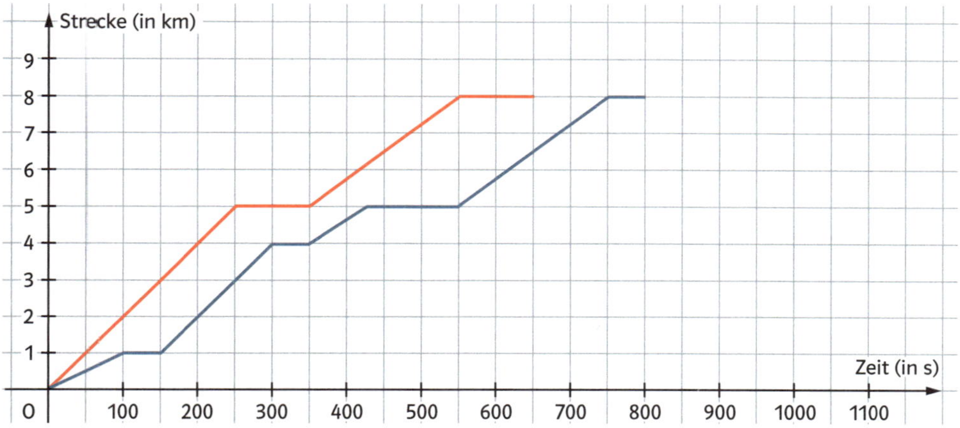

a) Nach wie vielen Kilometern (km) befinden sich Haltestationen?
Beschreiben Sie die S-Bahn-Fahrt mit eigenen Worten.

> **Diagramme interpretieren – Zwischenschritte**
> Wie lang ist die gesamte Fahrstrecke? Wie lange dauert die Fahrt? Was bedeuten die waagerechten Abschnitte im Diagramm? Wie viele Haltestellen gibt es zwischen Start- und Zielhaltestelle? Wie lange hält die S-Bahn maximal?

b) Zwischen welchen Stationen hat die S-Bahn die höchste Geschwindigkeit?
Wie groß ist diese Geschwindigkeit ungefähr?

> **Geschwindigkeit berechnen**
> Lesen Sie aus dem Diagramm die Strecke und die Fahrzeit zwischen je zwei aufeinanderfolgenden Haltestellen ab. Berechnen Sie daraus die mittlere Geschwindigkeit zwischen diesen Haltestellen.

c) Peter zeichnet am nächsten Tag noch eine Fahrt auf. Er erhält die **rote Kurve** im Diagramm oben. Er behauptet, dass er diese Kurve ebenfalls auf dem Schulweg, aber in einem Regionalzug, aufgenommen hat. Begründen Sie seine Behauptung, indem Sie Gemeinsamkeiten und Unterschiede zwischen **Regionalzug-Fahrt** und **S-Bahn-Fahrt** beschreiben.

3 Ballweitwurf

Die Flugbahn eines Balls ist etwa parabelförmig und kann näherungsweise durch eine mathematische Funktion beschrieben werden. Die Höhe des Balls (in m) wird näherungsweise durch die Funktiongleichung $y = -0{,}03x^2 + 10{,}33$ beschrieben.

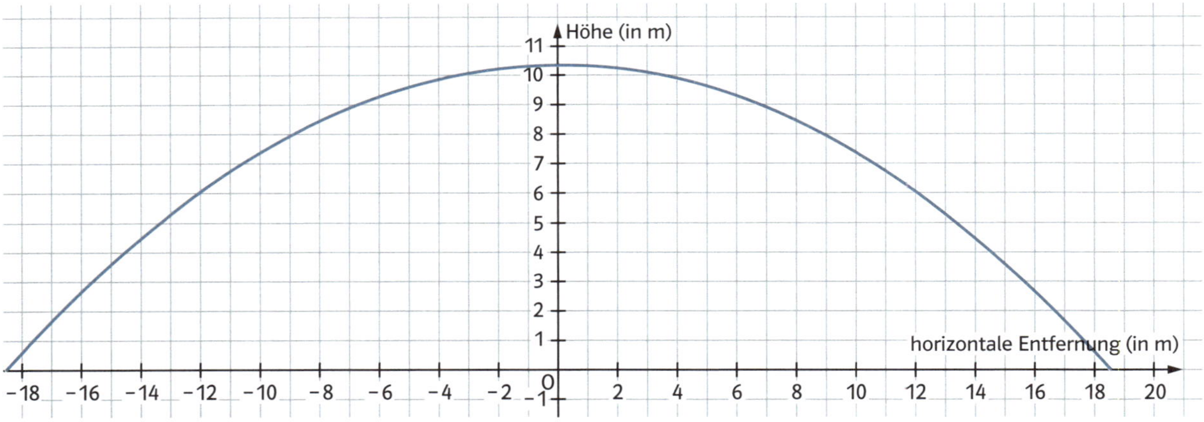

Begründen Sie Ihre Aussagen, indem Sie sie im Diagramm markieren.

a) Welche Aussage kann man mithilfe des Schnittpunkts mit der y-Achse machen?

____

b) Der Ball wird in einer Höhe von 2 m abgeworfen. Wo steht der Werfer, wenn er rechts vom höchsten Punkt steht?

____

c) Jan behauptet, der Ball fliegt ca. 37 m weit. Stimmt diese Aussage? Begründen Sie.

____

Verschiebt man das Schaubild so, dass der Abwurfpunkt auf der y-Achse liegt, wird die Flugbahn durch die Funktion mit der Gleichung $y = -0{,}03x^2 + x + 2$ beschrieben. Dabei gibt x die Entfernung des Balls vom Abwurfpunkt (in m) und y die Höhe des Balls (in m) an.

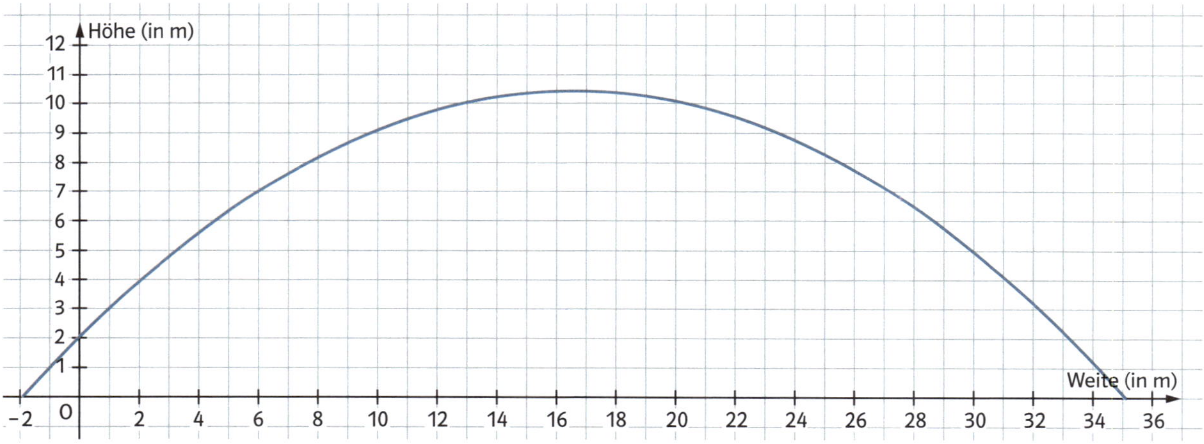

Begründen Sie Ihre Antworten, indem Sie diese im Diagramm markieren.

d) Welche Aussage kann man mithilfe des Schnittpunkts mit der y-Achse machen?

____

e) Die Schnittpunkte mit der x-Achse sind $N_1(-1{,}9 \mid 0)$ und $N_2(35{,}2 \mid 0)$. Interpretieren Sie diese.

____

____

f) Lesen Sie den Scheitelpunkt S der Parabel ab. Welche Bedeutung hat dieser?

____

Musterlösungen

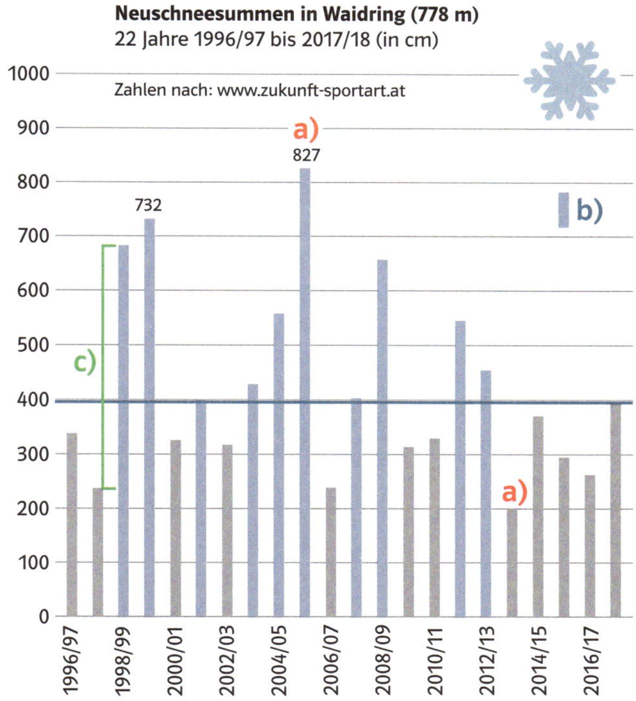

1 Neuschneesumme → 1

a) *Die größte Neuschneesumme ist die höchste Säule im Säulendiagramm, die kleinste Neuschneesumme ist die niedrigste Säule.*
Die größte Neuschneesumme wurde 2005/06 mit 827 cm gemessen, die kleinste 2013/14 mit 200 cm.

b) *Alle Säulen im Diagramm, die höher sind als die waagrechte blaue Gerade zeigen die Jahre, in denen die Neuschneesummen über dem Durchschnitt lagen.*
In 10 Wintern lagen die Neuschneesummen über dem langjährigen Durchschnitt.

c) Diese Aussage ist richtig. Der Dreijahresabschnitt wird von den drei aufeinanderfolgenden Säulen angezeigt, deren Längen den größten Unterschied aufweisen. Dabei ist die erste Säule die kleinste und die dritte Säule die größte. Von 1997/98 bis 1999/2000 stiegen die Neuschneesummen von ca. 230 cm auf 732 cm, also ca. 500 cm.

2 Mit dem Navi in der S-Bahn → 1, 2

a) *Verläuft die blaue Kurve waagerecht, legt die S-Bahn in dieser Zeit keine Wegstrecke zurück. Sie steht hier jeweils an einer Haltestelle.*
Diese Haltestellen sind somit in einer Entfernung von 1 km (H_1), 4 km (H_2), 5 km (H_3) und 8 km (Zielbahnhof H_4). Die Fahrtstrecke ist 8 km lang, sie dauert 750 s.
Die waagerechten Kurvenabschnitte (**schwarz**) sind die vier Haltestellen H_1 bis H_4. Die Bahn fährt in den ersten 100 s einen km, dann steht sie 50 s an der Haltestelle H_1. Die 2. Haltestelle H_2 erreicht sie nach weiteren 150 s. Dort hält sie wieder 50 s. Nach weiteren 125 s hält sie zum dritten Mal für 125 s an H_3.
Die letzte Etappe zum Zielbahnhof H_4 dauert 200 s.

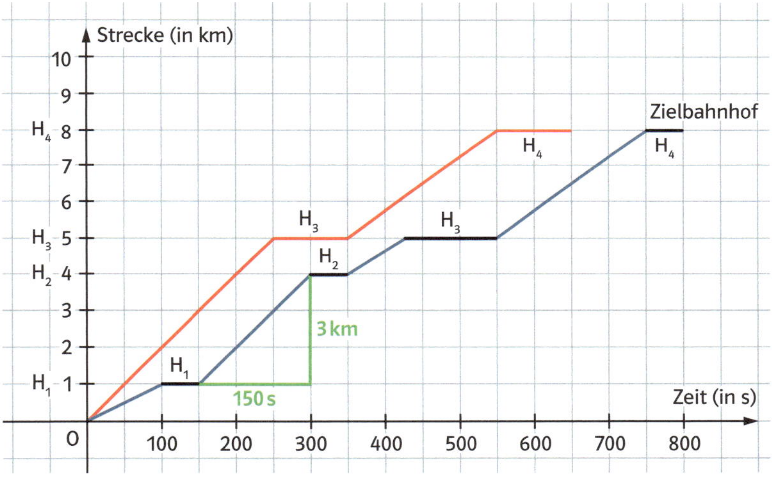

b) *Je steiler die Kurvenabschnitte sind, desto schneller fährt die Bahn.*
Die höchste Geschwindigkeit hat die S-Bahn zwischen den Stationen H_1 und H_2. Hier ist die blaue Kurve am steilsten. Zwischen H_1 und H_2 legt sie eine Strecke von 3 km bzw. 3000 m in 150 s zurück, dies entspricht einer Geschwindigkeit von

$$\frac{3000\,\text{m}}{150\,\text{s}} = \frac{20\,\text{m}}{\text{s}} = 72\,\frac{\text{km}}{\text{h}}.$$

c) Die rote Kurve beschreibt auch eine 8 km lange Strecke, sie zeigt nur zwei waagerechte Abschnitte, d.h. der Regionalzug hält nur nach 5 km an der Haltestelle H_3 und nach 8 km am Zielbahnhof H_4. Die Durchschnittsgeschwindigkeit von S-Bahn und Regionalzug sind zwischen H_1 und H_2 bzw. zwischen H_3 und Zielbahnhof H_4 jeweils gleich.

Geschwindigkeiten umrechnen

$1\,\frac{\text{km}}{\text{h}} = \frac{1000\,\text{m}}{3600\,\text{s}}$

bzw.

$1\,\frac{\text{m}}{\text{s}} = 3{,}6\,\frac{\text{km}}{\text{h}}$

Dies gilt, weil

$3{,}6\,\frac{\text{km}}{\text{h}} = 3{,}6 \cdot \frac{1000\,\text{m}}{3600\,\text{s}} = 1\,\frac{\text{m}}{\text{s}}$.

3 Ballweitwurf → 1, 3

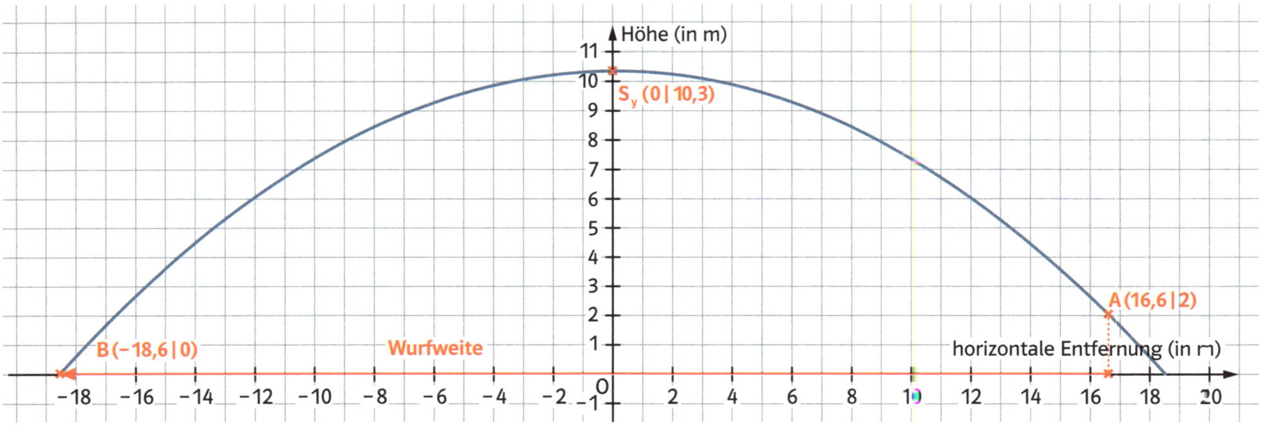

a) Der Schnittpunkt mit der y-Achse ist $S_y(0|10,3)$. Also beträgt die größte Höhe des Balls 10,3 m.
b) Der Punkt A(16,6 | 2) hat den y-Wert 2.
Wenn der Ball 2 m hoch fliegt, ist er ca. 16,6 m vom Scheitelpunkt entfernt.
c) Der Ball landet im Punkt B(−18,6 | 0). Somit gilt für die Wurfweite: 16,6 + 18,6 = 35,2 < 37.
Jans Behauptung stimmt nicht, denn der Ball fliegt nur ca 35,2 m weit.

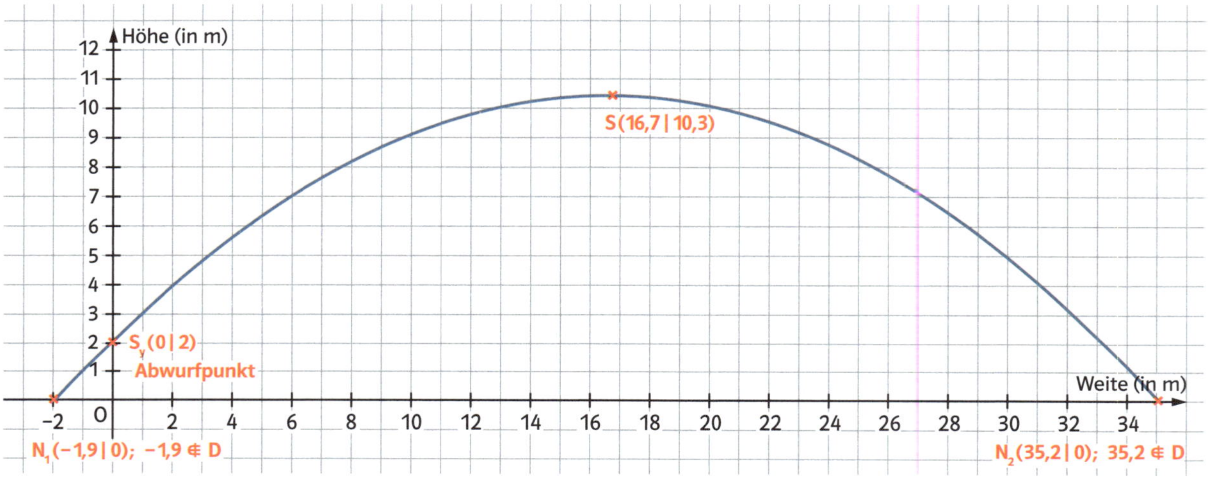

d) Der Schnittpunkt mit der y-Achse S_y hat die x-Koordinate $x = 0$, der Ball hat hier die Entfernung 0 m, er ist noch in der Hand des Werfers.
Der Schnittpunkt mit der y-Achse ist $S_y(0|2)$. Der Ball wird aus 2 m Höhe abgeworfen.
e) In den Schnittpunkten mit der x-Achse hat der Ball eine Höhe von 0 m. Er ist dort auf dem Boden.
Der Ball wird bei $x = 0$ abgeworfen, daher ist $N_1(-1,9|0)$ keine sinnvolle Lösung, denn −1,9 liegt nicht in einem sinnvollen Definitionsbereich. In $N_2(35,2|0)$ hat der Ball die Höhe 0 m, d.h. er fliegt ca. 35,2 m weit.
f) Der y-Wert des Scheitelpunkts S gibt die größte Flughöhe des Balles an.
Der Scheitelpunkt S ist ungefähr S(16,7 | 10,3). In einer Entfernung von ca. 16,7 m hat der Ball die größte Höhe von ca. 10,3 m.

Eine Handballhalle muss mindestens 7 m hoch und 40 m lang sein. So einen weiten Wurf kann man nur draußen werfen.

Schätzen Sie sich auf Seite 60 erneut ein (B).

Übungsaufgaben

1 Maximale Schneehöhen → 1

Das Diagramm zeigt die maximalen Schneehöhen auf der Steinplatte im Zeitraum Winter 1993/94 bis 2015/16. Füllen Sie die Lücken aus und markieren Sie Ihre Antworten im Diagramm.

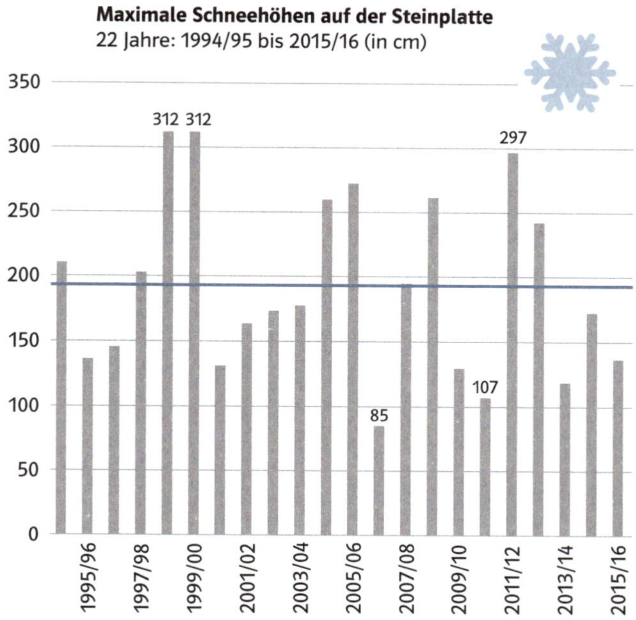

a) ______________________________
wurde die größte maximale Schneehöhe gemessen,

im Winter _______/_____ die kleinste maximale Schneehöhe.

b) In insgesamt _________ Wintern lag die maximale Schneehöhe über dem langjährigen Durchschnitt von 193 cm.

c) Vervollständigen Sie den Satz sinnvoll.
Vergleicht man die maximalen Schneehöhen im Zeitraum von 1995/96 bis 1998/99 mit den Zeiträumen 2000/01 bis 2005/06 und 2011/12 bis 2015/16, so

erkennt man ______________________________

____

____

2 Herr und Hund → 1, 2

Herr Jäger macht mit seinem Hund Kuno einen Nachmittagsspaziergang von zu Hause zu einem Aussichtspunkt. Kuno kennt den Weg genau.

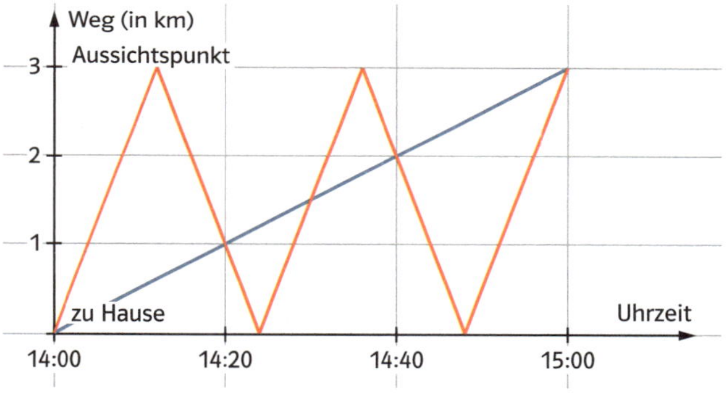

a) Beschreiben Sie den Hinweg des Spaziergangs der beiden in Worten.

____

____

____

____

b) Wie viel km legt Kuno insgesamt zurück?

____

____

c) Wann und in welchen Entfernungen zum Aussichtspunkt begegnen sich Herr Jäger und sein Hund?

____

____

d) Mit welcher durchschnittlichen Geschwindigkeit geht Herr Jäger, mit welcher Hund Kuno?

____

____

____

____

3 Golf spielen → 1, 3

Nach einem kräftigen Abschlag hat ein Golfball eine nahezu parabelförmige Flugbahn, die durch die Funktion mit der Gleichung $y = -0{,}008x^2 + x$ beschrieben werden kann.

Dabei gibt x die Entfernung vom Abschlagpunkt (in m) und y die Höhe des Golfballs (in m) an. Bestimmen Sie die Lösungen mithilfe des Schaubilds. Begründen Sie Ihre Ergebnisse, indem Sie diese in das Schaubild einzeichnen.

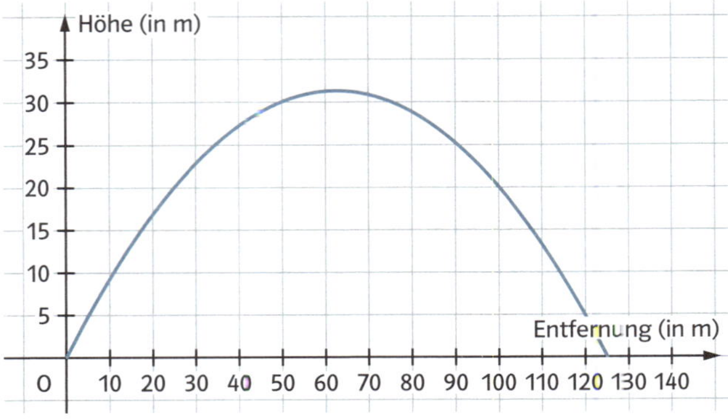

a) In welcher Entfernung kommt der Golfball wieder auf dem Rasen auf?

____

b) In welcher Höhe befindet sich der Ball, wenn er in horizontaler Richtung 50 m vom Abschlagpunkt entfernt ist?

____

____

c) Wie weit ist der Ball vom Abschlagpunkt entfernt, wenn er eine Höhe von 25 m hat?

____

____

Exkurs – Aussagen zu mathematischen Schaubildern → 1

Beim Interpretieren von Schaubildern von Funktionen werden die Aussagen in der mathematischen Fachsprache formuliert.

Die **Definitionsmenge D** umfasst alle zulässigen x-Werte, die in die Funktionsgleichung eingesetzt werden dürfen.
Die **Wertemenge W** ist die Menge aller y-Werte, die den x-Werten aus der Definitionsmenge zugeordnet werden können.

Gegeben ist eine quadratische Funktion und ihr Schaubild. Dieses Schaubild ist eine Parabel p.

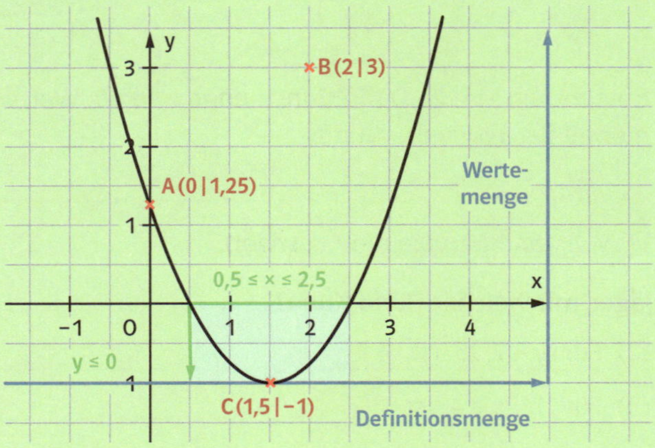

Die **Definitionsmenge** der quadratischen Funktion ist $D = \mathbb{R}$. Der Scheitelpunkt $C(1{,}5\,|\,-1)$ ist der tiefste Punkt der Parabel, er hat die y-Koordinate $y = -1$. Die y-Werte sind daher größer oder gleich -1, also ist die **Wertemenge** $W\colon\ y \geq -1$.

Aussagen über die Lage von Punkten werden mithilfe von Symbolen formuliert:

Für $x = 0$ ist $y = 1{,}25$, d. h. der Punkt $A(0\,|\,1{,}25)$ liegt auf der Parabel p.
Man schreibt hierfür auch kurz $A(0\,|\,1{,}25) \in p$.
Für $x = 2$ ist $y = -0{,}6$. Daher liegt der Punkt $B(2\,|\,3)$ nicht auf der Parabel p, d. h. $B(2\,|\,3) \notin p$.
Für $y = -1$ ist $x = 1{,}5$, d. h. $C(1{,}5\,|\,-1) \in p$.

Für Punkte auf dem Schaubild von p gilt z. B. für $0{,}5 \leq x \leq 2{,}5$ ist $y \leq 0$.
Statt $0{,}5 \leq x \leq 2{,}5$ wird oft auch die Intervallschreibweise $x \in [0{,}5; 2{,}5]$ verwendet.

Formulierungshilfen

$x < 1$:	links von $x = 1$
$0 \leq x \leq 1$:	rechts von 0 und links von 1, also zwischen 0 und 1
$x > 0$:	rechts von $x = 0$
$y < 1$:	unterhalb von $y = 1$
$y > 0$:	oberhalb von $y = 0$

4 Mathematische Symbole deuten → 1

Entscheiden Sie, ob folgende Aussage wahr oder falsch ist.
Begründen Sie Ihre Entscheidung, indem Sie den angegebenen Bereich im Schaubild f einzeichnen.

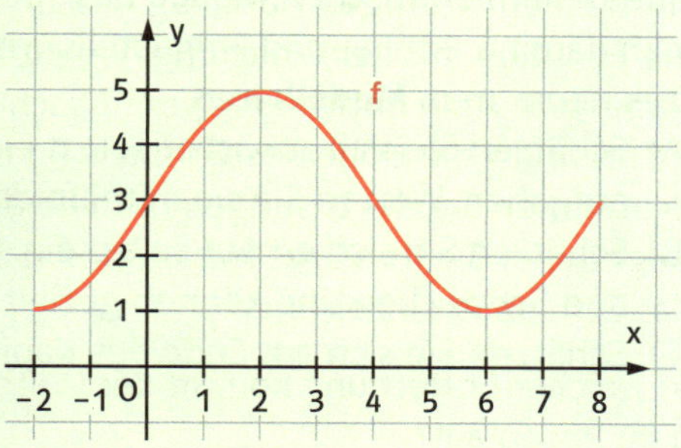

a) Für $x = 3$ ist $y = 4$. ☐ wahr ☐ falsch
b) Für $y = 5$ ist $x = 2$. ☐ wahr ☐ falsch
c) Für $x > 0$ ist $y > 3$. ☐ wahr ☐ falsch
d) Für $x \in [6\,;\,8]$ ist $y \leq 3$. ☐ wahr ☐ falsch
e) Für alle x ist $1 \leq y \leq 5$. ☐ wahr ☐ falsch
f) Es gilt $y \neq 6$ für alle x. ☐ wahr ☐ falsch

5 Gerade und Parabel → 1

Gegeben sind die Schaubilder einer linearen Funktion g und einer quadratischen Funktion p.

a) Bestimmen Sie die fehlenden Koordinaten der Punkte.

lineare Funktion g bzw. Gerade:

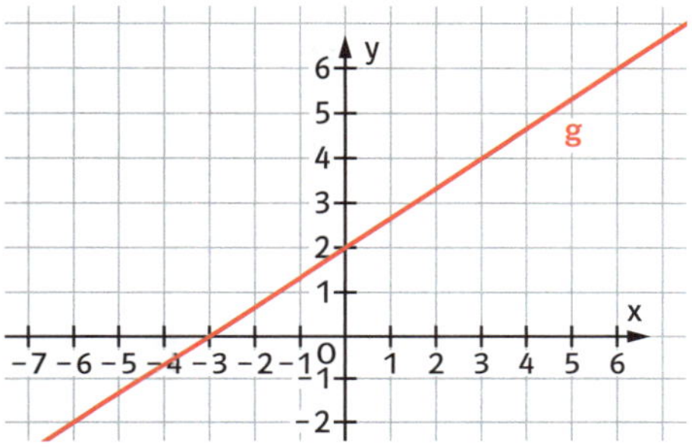

A(____|2); B(____|−2); C(−3|____); D(3|____)

quadratische Funktion p bzw. Parabel:

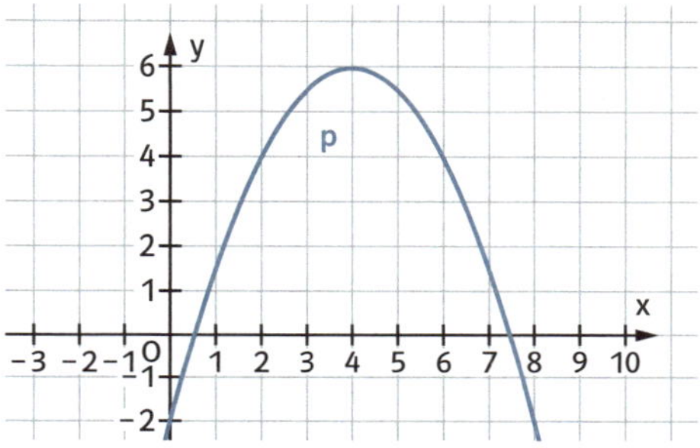

E(2|____); F(____|6); G(0|____); H(6|____)

b) Formulieren Sie die Aussagen in Worten. Entscheiden Sie ob, die Aussage wahr oder falsch ist.

Aussage	Gerade g	Parabel p
(1) Für $x = 6$ ist $y = 4$.	P(6|4) liegt auf Gerade g. (f)	P(6|4) liegt …
(2) Für $y = 6$ ist $x = 4$.		
(3) Für $x = 0$ ist $y > -2$.		
(4) Für $y > -3$ ist $x > 0$.		
(5) Für $x \in [2\,;\,6]$ ist $y > 3$.		
(6) $y \leq 6$ für alle x.		

6 Wurzelfunktion → 1, 2, 3

Diese Funktion mit der Gleichung $y = \sqrt{x}$, $x \in \mathbb{R}$ heißt Wurzelfunktion.

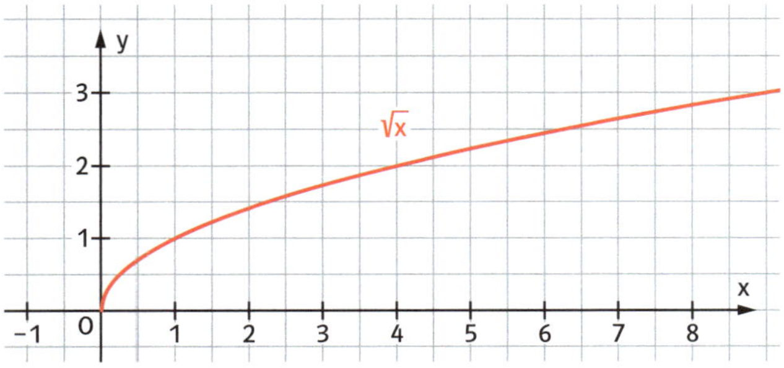

Schätzen Sie sich noch einmal auf Seite 60 ein (C).

a) Bestimmen Sie die Definitionsmenge und die Wertemenge der Wurzelfunktion.

____

b) Vervollständigen Sie die Aussagen.

(1) Für $x = 6$ ist $y =$ ______________________.

(2) Für $y = 2{,}25$ ist $x =$ ______________________.

(3) Für $1 \leq x \leq 4$ ist ______________________.

(4) $y < 3$ für ______________________.

(5) P(6|2,5) liegt ______________________.

In diesem Kapitel üben Sie, wie man reale Situationen vereinfacht mit einem mathematischen Modell beschreibt. Außerdem üben Sie, wie man damit anschließend Fragestellungen aus dem Alltag beantwortet. Dies nennt man **Modellieren**.

(A) Schätzen Sie sich zunächst selbst ein. Bearbeiten Sie die Testaufgaben. Werten Sie sie mithilfe der Musterlösungen aus.

(B) Schätzen Sie sich erneut selbst ein. Nun kennen Sie Ihre Stärken und Schwächen und können gezielt und effektiv üben.

(C) Schätzen Sie sich am Ende des Kapitel erneut ein.

Selbsteinschätzung

Ich kann ...	spontan (A)	nach den Testaufgaben (B)	am Ende des Kapitels (C)
1 genau beschreiben, welche Daten und Größen in einer Aufgabe gegeben und welche gesucht sind.	🙂 😐 🙁	🙂 😐 🙁	🙂 😐 🙁
2 Skizzen und Schaubilder zur Veranschaulichung eines Problems einsetzen und sie nutzen.	🙂 😐 🙁	🙂 😐 🙁	🙂 😐 🙁
3 einen realen Vorgang mit mathematischen Mitteln vereinfacht darstellen.	🙂 😐 🙁	🙂 😐 🙁	🙂 😐 🙁
4 eine reale Situation mit einer linearen oder mit einer quadratischen Funktion beschreiben.	🙂 😐 🙁	🙂 😐 🙁	🙂 😐 🙁
5 mithilfe einer Funktionsgleichung, die eine reale Situation oder einen realen Vorgang beschreibt, Fragestellungen aus dem Alltag beantworten.	🙂 😐 🙁	🙂 😐 🙁	🙂 😐 🙁

Testaufgaben

Mithilfe der Aufgaben 1 bis 5 überprüfen Sie Ihre Selbsteinschätzung (A). Bearbeiten Sie die Testaufgaben. Kontrollieren Sie diese mithilfe der Musterlösungen auf den Seiten 70 und 71.

1 Urlaubsfotos

Hannah sucht im Internet Angebote für die Entwicklung ihrer schönsten 80 digitalen Urlaubsfotos. Die Firma FOTOFIX verlangt pro Foto 0,09 € und 4,95 € für Bearbeitung und Versand. PRETTY-COLOR verlangt 0,12 € pro Foto und 1,95 € für Bearbeitung und Versand. Die Firma DIGIPRINT wirbt mit einem Pauschalpreis von 11,99 € für 100 Fotos.

a) Bei welcher Firma soll Hannah ihre Urlaubsfotos entwickeln lassen?

____

b) Bestimmen Sie für jede Firma eine Funktionsgleichung für die Kosten von x Fotos für $0 \le x \le 100$.

__________ __________ __________

2 Bus und Tor

Das Stadttor auf dem Foto oben ist näherungsweise parabelförmig. Es ist 5 m hoch und 6 m breit. Ein 2,50 m breiter und 3,75 m hoher Reisebus soll auf seiner Fahrt durch dieses Stadttor fahren.

a) Skizzieren Sie den Reisebus und das Stadttor in einem geeeigneten Koordinatensystem. Welchen Rat würden Sie dem Busfahrer geben?

____

b) Überprüfen Sie Ihr Ergebnis durch eine Rechnung in Ihrem Heft.

3 Eine Strecke zurücklegen

Die Entfernung von Urbach nach Waiblingen beträgt 25 km. Axel fährt mit dem Fahrrad um 7:00 Uhr in Urbach los, er benötigt eine Stunde. Carmen startet mit dem Pkw um 7:20 Uhr. Sie benötigt für die gesamte Strecke 20 min.

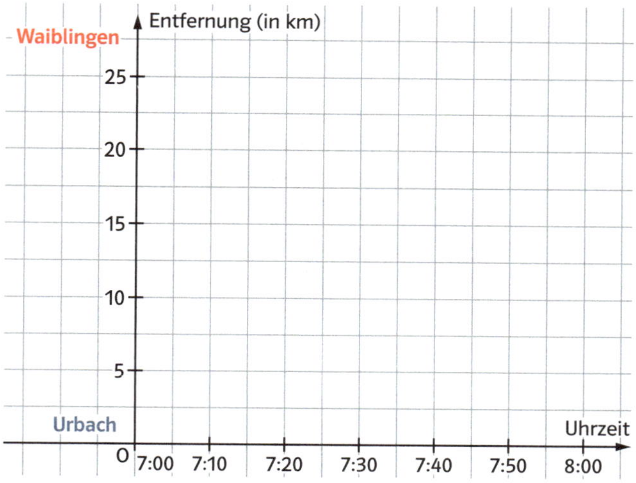

a) Bestimmen Sie mithilfe eines Diagramms, wann Axel von Carmen überholt wird. Wo befinden sich Axel und Carmen dann?

____

____

b) Um 7:30 Uhr fährt Carmens Vater mit einem Lkw mit 50 km/h von Waiblingen nach Urbach. Bestimmen Sie zeichnerisch, wann und wo sich der Lkw und der Pkw begegnen.

____

____

4 Gefäße füllen

Zwei Wassercontainer mit derselben rechteckigen Grundfläche werden aus unterschiedlichen Rohren mit Wasser gefüllt. Das Wasser fließt jeweils konstant. Im Container A steht das Wasser zu Beginn 14 cm hoch und steigt um 6 cm pro Minute.
Container B ist zu Beginn leer, nach 3 min beträgt die Füllhöhe 24 cm.

a) Bestimmen Sie jeweils eine Funktion für die Wasserhöhe (in cm) nach x Minuten.

Container A ______________________________

Container B ______________________________

b) Wie lange dauert es jeweils bis die 1,16 m hohen Container ganz gefüllt sind? ______________________________

5 Ballwurf

Die Flugbahn eines Balls ist näherungsweise parabelförmig; sie kann durch die Funktionsgleichung $y = -0{,}03x^2 + x + 2$ beschrieben werden. Dabei gibt x die horizontale Entfernung des Balls vom Abwurfpunkt (in m) und y die Flughöhe des Balls (in m) an.

a) Aus welcher Höhe wird der Ball abgeworfen?

____

____

b) Wie weit fliegt der Ball?

____

____

c) Der Ball befindet sich zweimal in einer Höhe von 5 m. Für welche horizontalen Entfernungen gilt das?

____

____

____

____

Platz für Rechnungen:

Musterlösungen

1 Fotos → 1, 4

a) Bei FOTOFIX kosten 80 Fotos 0,09 € · 80 + 4,95 € = 12,15 €.
PRETTYCOLOR verlangt 0,12 € · 80 + 1,95 € = 11,55 €,
bei DIGIPRINT kosten auch 80 Fotos 11,99 €.
Hannah sollte ihre Fotos bei PRETTYCOLOR entwickeln lassen.

b) *Die Anzahl der Fotos ist nun nicht mehr 80, sondern wird durch die Variable x mit $0 \leq x \leq 100$ beschrieben. Daher muss für die Berechnung der variablen Kosten die Zahl 80 in der Rechnung von Teilaufgabe a) durch die Variable x ersetzt werden. Die Kosten für Bearbeitung und Versand sind unabhängig von der Anzahl der bestellten Fotos. Diese sogenannten Fixkosten bleiben jeweils gleich.*
Somit erhält man folgende Funktionsgleichungen für x mit $0 \leq x \leq 100$:

FOTOFIX	PRETTYCOLOR	DIGIPRINT
y = 0,09 € · x + 4,95 €	y = 0,12 € · x + 1,95 €	y = 11,95 €

2 Bus und Tor → 2, 1 bis 5

a) *Für die Lage des Koordinatensystems gibt es verschiedene Möglichkeiten.*

Variante A: y-Achse durch den Scheitelpunkt S

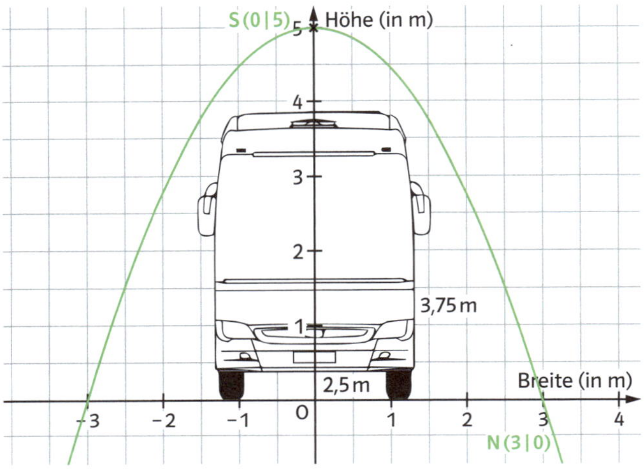

Variante B: y-Achse am linken Stadttorrand

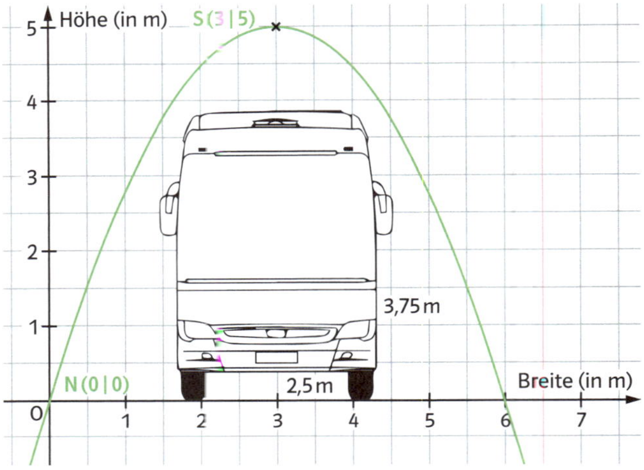

Der Bus passt durch das Stadttor, wenn er genau in der Mitte des Tores fährt.

b) *Bei beiden Varianten ist der Scheitelpunkt $S(x_s | y_s)$ bekannt, somit kann als Ansatz für die Bestimmung der Funktionsgleichung die Scheitelpunktform $y = a(x - x_s)^2 + y_s$ gewählt werden. Die Parabel ist nicht die Normalparabel, d.h. sie ist in y-Richtung mit einem unbekannten Faktor a gestreckt.*

Variante A:

Der Scheitelpunkt ist S(0 | 5), d.h. $x_s = 0$
Es gilt also: $y = a x^2 + 5$
Für die Bestimmung von a wird z.B. der Punkt N(3 | 0) in die Gleichung eingesetzt:

$0 = a \cdot 3^2 + 5 \quad | -5$
$-5 = 9a \quad | :9$
$a = -\frac{5}{9}$

Somit lautet die Gleichung $y = -\frac{5}{9}x^2 + 5$.

Um zu überprüfen, ob der Bus durch das Tor passt, vergleicht man den y-Wert der Parabelgleichung an der Stelle x = 1,25 (halbe Busbreite) mit der Höhe des Busses.

$y = -\frac{5}{9} \cdot 1{,}25^2 + 5 \approx 4{,}13$

Der Bus ist nur 3,75 m hoch, also passt er durch das Tor. Siehe Exkurs Seite 42.

Variante B:

Der Scheitelpunkt ist S(3 | 5).
Es gilt also: $y = a(x - 3)^2 + 5$
Für die Bestimmung von a wird z.B. der Punkt N(0 | 0) in die Gleichung eingesetzt:

$0 = a \cdot (0 - 3)^2 + 5 \quad | -5$
$-5 = 9a \quad | :9$
$a = -\frac{5}{9}$

Somit lautet die Gleichung $y = -\frac{5}{9} \cdot (x - 3)^2 + 5$.

Um zu überprüfen, ob der Bus durch das Tor passt, vergleicht man den y-Wert der Parabelgleichung an der Stelle x = 4,25 mit der Höhe des Busses.

$y = -\frac{5}{9} \cdot (4{,}25 - 3)^2 + 5 \approx 4{,}13$

Der Bus ist nur 3,75 m hoch, also passt er durch das Tor. Siehe Exkurs Seite 42.

3 Eine Strecke zurücklegen → 1, 2, 3

Die x-Werte der Punkte auf den Geraden geben jeweils die Uhrzeit an, die y-Werte die Entfernung von Urbach (in km). Der Schnittpunkt von zwei Geraden gibt an, wann und wo sich zwei Personen treffen.

a) Um 7:30 Uhr überholt Carmen Axel. Sie haben dann jeweils mit 12,5 km genau die Hälfte der Strecke zurückgelegt.

b) Bei einer Geschwindigkeit von 50 km/h benötigt der Vater für die 25 km lange Strecke 30 min. Da er in Waiblingen startet, beginnt die Fahrt in einer Entfernung von 25 km.
Der Pkw und der Lkw begegnen sich um ca. 7:36 Uhr 20 km von Urbach entfernt.

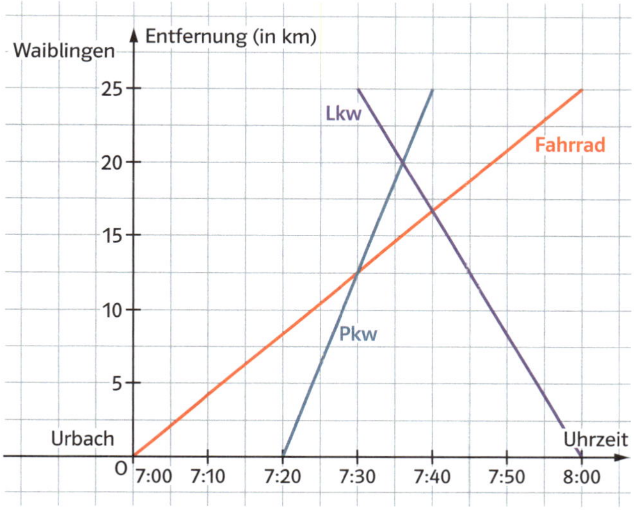

4 Gefäße füllen → 4, 5

a) *Da das Wasser konstant fließt, wird die Füllhöhe mit einer linearen Funktion der Form* $y = mx + c$ *beschrieben. Der y-Achsenabschnitt c zeigt die Füllhöhe zu Beginn der Messung an, hier ist die Zeit* $x = 0$*. Die Steigung m gibt den Zufluss an Wasser in Litern pro Minute, also in l/min an.*

Container A: $y = 6x + 14$

Der Zufluss bei Container B beträgt 24 cm in 3 min, also 8 cm pro Minute, die Steigung ist somit $m = 8$.

Container B: $y = 8x$

b) Container A: $116 = 6x + 14$ d.h. $x = 17$. Nach 17 min ist Container A ganz gefüllt.
Container B: $116 = 8x$ d.h. $x = 14{,}5$. Nach 14,5 min ist Container B ganz gefüllt.

5 Ballwurf → 5

a) Beim Abwurf hat der Ball die Entfernung $x = 0$.
$y = -0{,}03 \cdot 0^2 + 0 + 2$
$y = 2$
Der Ball wird aus 2 m Höhe abgeworfen.

b) *Wenn der Ball auf den Boden auftrifft, hat er die Höhe* $y = 0$. Also gilt $0 = -0{,}03x^2 + x + 2$.
Diese quadratische Gleichung muss mit der pq-Formel oder der abc-Formel gelöst werden.

Lösungsansatz
Hinweise für die Lösungsansätze finden Sie in Kapitel 11 auf Seite 64, Aufgabe 3.

Variante A: Lösung mit **pq-Formel**:

$$0 = -0{,}03x^2 + x + 2 \quad |:(-0{,}03)$$
$$0 = x^2 - \frac{1}{0{,}03}x - \frac{2}{0{,}03}$$
$$x_{1,2} = -\frac{1}{-0{,}03 \cdot 2} \pm \sqrt{\left(-\frac{1}{-0{,}03 \cdot 2}\right)^2 + \frac{2}{0{,}03}}$$
$$x_{1,2} = \frac{1}{0{,}06} \pm \sqrt{\frac{1}{0{,}0036} + \frac{2}{0{,}03}}$$
$$x_1 \approx 35{,}23 \text{ und } x_2 \approx -1{,}89$$

Siehe Fit bleiben Seite 17.

Variante B: Lösung mit **abc-Formel**:

$$0 = -0{,}03x^2 + x + 2$$
$$x_{1,2} = \frac{-1 \pm \sqrt{1^2 - 4 \cdot (-0{,}03) \cdot 2}}{2 \cdot (-0{,}03)}$$
$$x_{1,2} = \frac{-1 \pm \sqrt{1 + 0{,}24}}{-0{,}06}$$
$$x_1 \approx 35{,}23 \text{ und } x_2 \approx -1{,}89$$

Siehe Fit bleiben Seite 17.

x_2 ist negativ; d.h. x_2 entspricht einer Entfernung vor dem Abwurfpunkt. Daher liegt x_2 nicht in einem sinnvollen Definitionsbereich. Der Ball fliegt ca. 35,23 m weit.

c) Eine Höhe von 5 m entspricht $y = 5$, also gilt:
$5 = -0{,}03x^2 + x + 2 \quad | -5$
$0 = -0{,}03x^2 + x - 3$.
Lösen mit pq-Formel oder mit der abc-Formel ergibt $x_1 = 30{,}00$ und $x_2 \approx 3{,}33$.
In einer Entfernung von ca. 3,33 m und 30,00 m befindet sich der Ball in 5 m Höhe.

Schätzen Sie sich auf Seite 68 erneut ein (B).

Übungsaufgaben

1 Tropfender Wasserhahn → 1 bis 5

Herr Vogel stellt am Sonntagmorgen fest, dass ein Wasserhahn tropft. Da er ihn nicht selbst reparieren kann, stellt er ein leeres Gefäß darunter. Nach 3 Stunden steht das Wasser 4 cm hoch.

a) Veranschaulichen Sie den Sachverhalt in dem gegebenen Koordinatensystem.

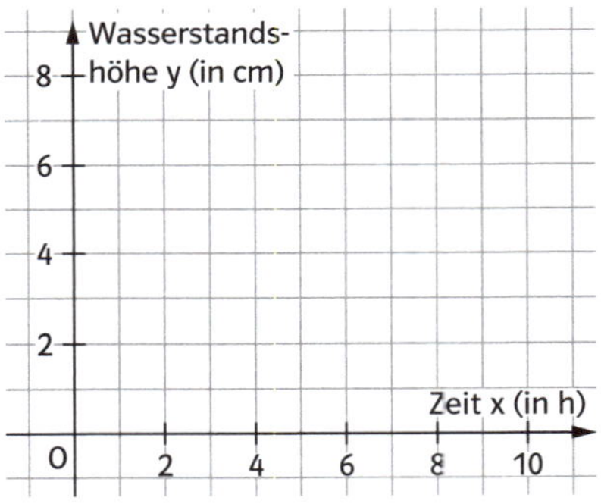

b) Bestimmen Sie eine lineare Funktion, die den Wasserstand (in cm) nach x Stunden beschreibt.

___

c) Bestimmen Sie anhand der Zeichnung, wie hoch das Wasser nach 4 Stunden steht.

___

Überprüfen Sie Ihr Ergebnis durch eine Rechnung.

___

2 Pkws auf der Autobahn → 1 bis 5

Das Bild zeigt zwei Pkws, die jeweils mit konstanter Geschwindigkeit auf einer Autobahn fahren. Das blaue Auto fährt mit einer Geschwindigkeit von 160 km/h, das rote Auto fährt mit einer Geschwindigkeit von 120 km/h. Die km-Markierung zeigt die aktuelle Position.

a) Zeichnen Sie ein Diagramm in das gegebene Koordinatensystem.

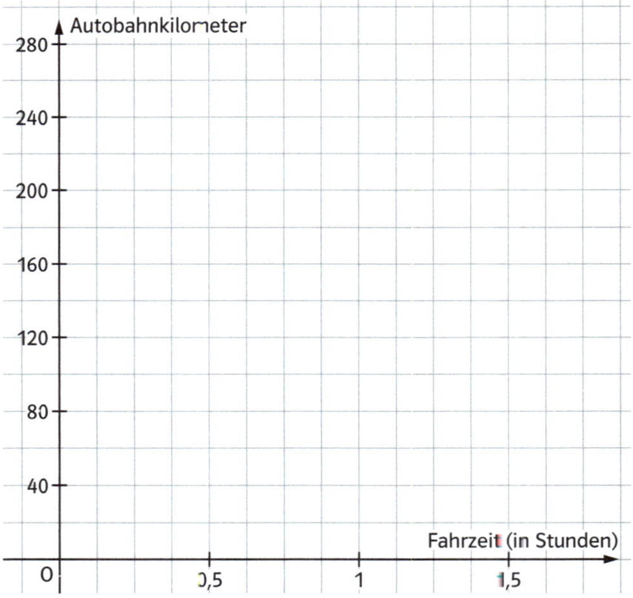

b) Bestimmen Sie für beide Pkws jeweils eine Funktion, die angibt, an welcher Kilometer-Markierung sich der Pkw nach einer bestimmten Anzahl von Stunden befindet.

blauer Pkw ___

roter Pkw ___

c) Bestimmen Sie anhand der Zeichnung, wann und wo der zweite Pkw den ersten überholt. Überprüfen Sie Ihr Ergebnis durch eine Rechnung.

Antwortsatz: ___

3 Regentonne → 1 bis 5

Eine zylinderförmige Regentonne ist 120 cm hoch. Sie wird bei gleichmäßigem Zulauf mit Wasser gefüllt.

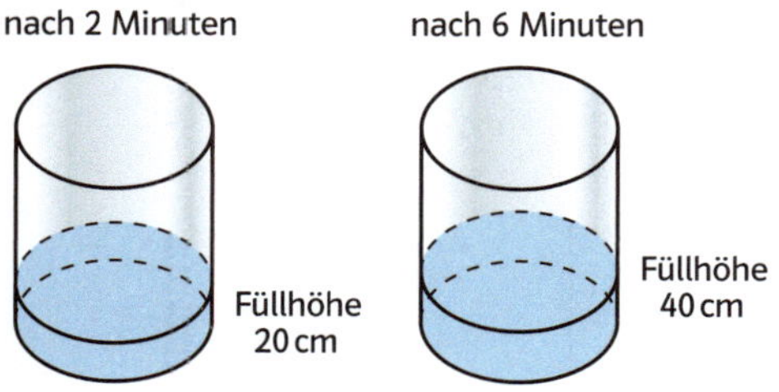

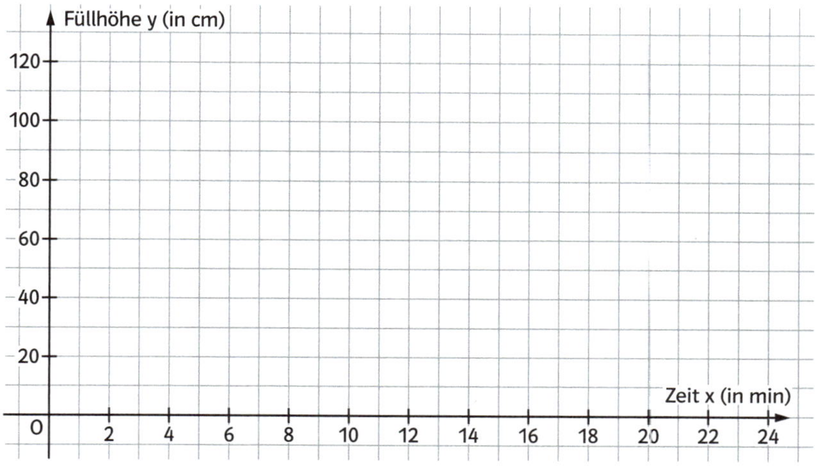

a) Zeichnen Sie ein Schaubild für den Füllvorgang.

b) Bestimmen Sie mithilfe des Schaubildes.

Wie hoch steht das Wasser zu Beginn des Füllvorgangs? ______________________

Wie hoch steht das Wasser nach 12 min? ______________________

Wann ist die Regentonne voll? ______________________

c) Bestimmen Sie eine lineare Funktion, die die Füllhöhe y (in cm) in Abhängigkeit von der Zeit x (in min) angibt.

____

d) Überprüfen Sie Ihre Ergebnisse aus Teilaufgabe b) durch eine Rechnung.

____

____

4 Ein Zug bremst → 1 bis 5

Ein Zug bremst bei der Einfahrt in den Bahnhof gleichmäßig, d.h. seine Geschwindigkeit nimmt linear ab. Nach 5 sec Bremsen fährt der Zug noch mit 100 km/h, nach weiteren 15 sec beträgt seine Geschwindigkeit nur noch 60 km/h.

a) Zeichnen Sie das zugehörige Schaubild in das Koordinatensystem.

b) Bestimmen Sie die Geschwindigkeit des Zuges zu Beginn des Bremsvorgangs.

____

____

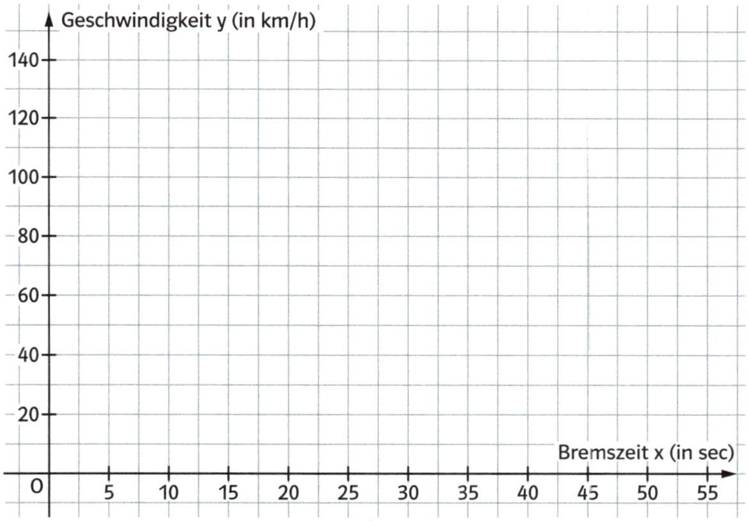

c) Nach welcher Zeit steht der Zug?

____

d) Bestimmen Sie die Gleichung einer linearen Funktion, die die Geschwindigkeit des Zuges (in km/h) in Abhängigkeit der Abbremszeit (in sec) beschreibt.

____

e) Überprüfen Sie Ihre Ergebnisse aus den Teilaufgaben b) und c) durch eine Rechnung im Heft.

____

5 Tunnel → 1 bis 5

Ein am Boden 6 m breiter Tunnel hat einen parabelförmigen Querschnitt. Der oberste Punkt S des Tunnels liegt 7,50 m über den Gleisen.

a) Skizzieren Sie den Tunnelquerschnitt in einem geeigneten Koordinatensystem.
b) Bestimmen Sie die zugehörige Parabelgleichung in Ihrem Heft.
c) Kann ein 4,70 m hoher und 2,80 m breiter doppelstöckiger Regionalzug durch den Tunnel fahren? Lösen Sie zeichnerisch und rechnerisch.

Breite x (in m)	−3	−2	−1	0	1	2	3
Höhe y (in m)							

Exkurs – Modellierungskreislauf → 1 bis 5

Bei Anwendungsproblemen müssen Informationen aus komplexen realen Situation ermittelt werden.

(1) **Vereinfachen** Bei der Suche nach einer Lösung werden deshalb häufig Vereinfachungen vorgenommen. Es entsteht ein reales Modell.
(2) **Mathematisieren** Durch die Wahl eines geeigneten mathematischen Ansatzes wird das reale Modell zu einem mathematischen Modell. Dazu dienen z. B. Funktionen oder Diagramme.
(3) **Mathematisch bearbeiten** Mit mathematischen Mitteln, wie z. B. dem Lösen von Gleichungen, wird eine Lösung des mathematischen Problems ermittelt.
(4) **Interpretieren, Überprüfen** Diese noch rein mathematischen Ergebnisse müssen nun im Zusammenhang mit der realen Situation interpretiert und ausgewertet werden.

Ggf. muss der Modellierungskreislauf mit einem verbesserten mathematischen Modell nochmals durchlaufen werden.

Reale Situation
Im Fußballtraining soll die Abwehr von Freistößen geübt werden.

(1) Vereinfachen →

Reales Modell
Bei einem Freistoß fliegt der Ball 50 m weit und erreicht als größte Höhe 5 m. Kann ein Gegenspieler in 10 m Entfernung den Ball abwehren?

(2) Mathematisieren ↓

Mathematisches Modell
Ansatz: Scheitelpunktform: $y = a \cdot (x - 25)^2 + 5$
$P(0\,|\,0)$ einsetzen: $0 = a \cdot (0 - 25)^2 + 5$ ergibt
$a = -0{,}008$ und somit $y = -0{,}008 \cdot (x - 25)^2 + 5$.

← (3) Mathematisch bearbeiten

Mathematische Lösung finden
Ballhöhe in 10 m Entfernung entspricht $x = 10$,
also $y = -0{,}008 \cdot (10 - 25)^2 + 5 = 3{,}2$
Der Ball hat dort eine Höhe von 3,2 m.

(4) Interpretieren, Überprüfen ↑

Ergebnis
Eine Abwehr in 10 m Entfernung ist nicht möglich.

6 **Navi in der Straßenbahn** → 1 bis 5

Peter hat mit seinem Navigationsgerät in der Straßenbahn eine interessante Entdeckung gemacht. Das Navi lieferte für die Anfahrtsbewegung folgende Daten in einer Tabelle:

Fahrtzeit x (in sec)	0	5	10	15	20	25	30
Fahrweg y (in m)	0	13,6	53,3	124,1	222,6	343,5	492,2

a) Übertragen Sie die Daten in das Koordinatensystem und verbinden Sie die Punkte zu einer Kurve.

b) Peter behauptet, dass das Schaubild keine Gerade ist. Was für ein Schaubild ist es?

c) Zeichnen Sie in das Koordinatensystem die Normalparabel mit der Gleichung $y = x^2$ und die Parabel mit der Gleichung $y = 0{,}5x^2$ ein. Überprüfen Sie Ihre Aussage aus Teilaufgabe b).

	0	5	10	15	20	25	30
$y = x^2$	0	25					
$y = 0{,}5x^2$			50				

d) Versuchen Sie die Funktionsgleichung einer Parabel zu finden, die die Werte aus der Tabelle am Anfang von Aufgabe 6 gut beschreibt.

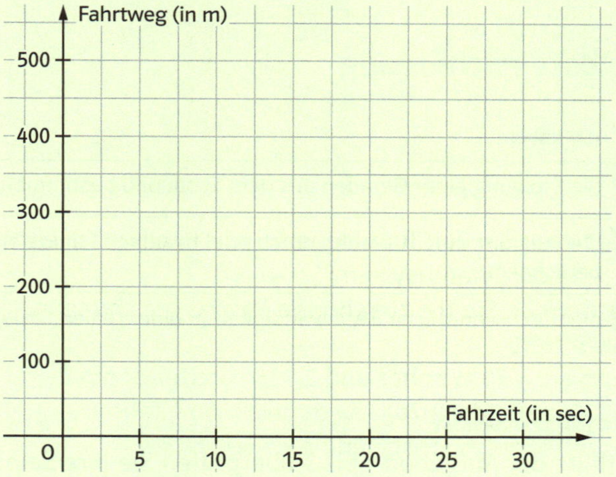

7 **Das zweitgrößte Riesenrad der Welt** → 1 bis 3

Der Singapore Flyer ist mit einer Höhe von 165 m das zweitgrößte Riesenrad der Welt. Eine Umdrehung dauert etwa 30 min.

a) In welcher Höhe befindet sich ein Fahrgast x min nach dem Einstieg? Füllen Sie die Tabelle aus.

Zeit x (in min)	0	7,5	15	22,5	30
Höhe y (in m)	0				

Zeit x (in min)	37,5	45	52,5	60
Höhe y (in m)				

b) Skizzieren Sie ein Schaubild, welches die Höhe y (in m) einer Gondel über dem Erdboden in Abhängigkeit von der Zeit x (in min) beschreibt.
Zu Beginn ist die Gondel am Boden.

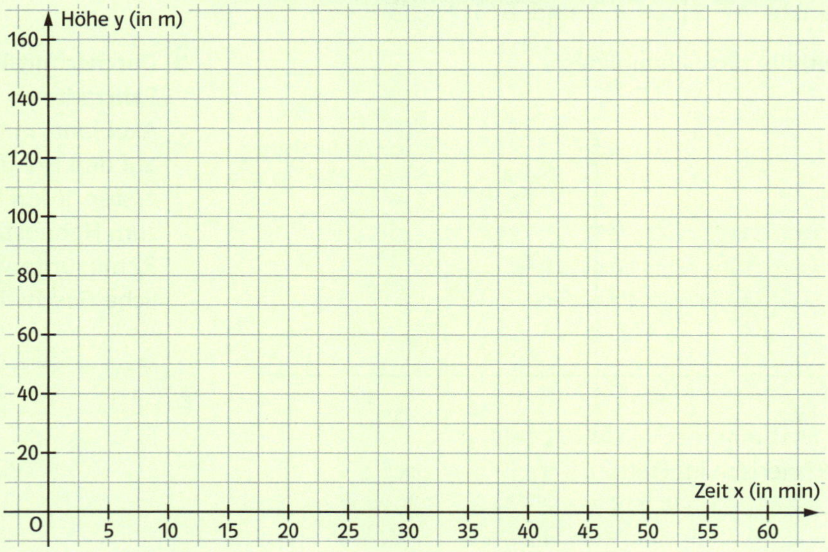

Schätzen Sie sich noch einmal auf Seite 68 ein (C).

Häufig ist nicht eine konkrete Situation wichtig, sondern wie sich diese Situation verändert oder wie sie sich verändern wird. In diesem Kapitel üben Sie, die durchschnittliche Änderungsrate einer realen Situation zu bestimmen.

(A) Schätzen Sie sich zunächst selbst ein.
Bearbeiten Sie die Testaufgaben und werten Sie sie mithilfe der Musterlösungen aus.

(B) Schätzen Sie sich erneut selbst ein.
Nun können Sie gezielt und effektiv üben.

(C) Schätzen Sie sich am Ende des Kapitel erneut ein.

Selbsteinschätzung

Ich kann ...	spontan (A)	nach den Testaufgaben (B)	am Ende des Kapitels (C)
1 die Steigung einer Geraden aus dem Schaubild bestimmen.	☺ 😐 ☹	☺ 😐 ☹	☺ 😐 ☹
2 die Steigung einer Geraden durch zwei beliebige Punkte eines Schaubildes berechnen.	☺ 😐 ☹	☺ 😐 ☹	☺ 😐 ☹
3 die durchschnittliche Geschwindigkeit in einer realen Situation bestimmen.	☺ 😐 ☹	☺ 😐 ☹	☺ 😐 ☹

Testaufgaben

Mithilfe der Aufgaben 1 bis 3 überprüfen Sie Ihre Selbsteinschätzung (A). Bearbeiten Sie die Testaufgaben. Kontrollieren Sie sie mithilfe der Musterlösungen auf der Seite 77.

1 Steigung einer Geraden

Bestimmen Sie die Steigung der Geraden f, g, h und i.

______________ ______________

______________ ______________

Siehe Exkurs Seite 27.

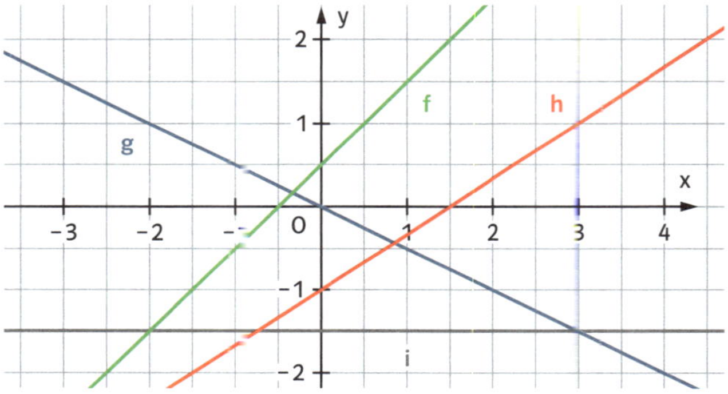

2 Steigung zwischen zwei Punkten

Gegeben ist das Schaubild der quadratischen Funktion p mit der Gleichung $y = -0{,}5x^2 + 3$.
Bestimmen Sie die Steigung der Geraden durch die Punkte $A(-2|\ \ \ )$ und $B(1|\ \ \ )$.

a) mithilfe des Schaubildes: ______________

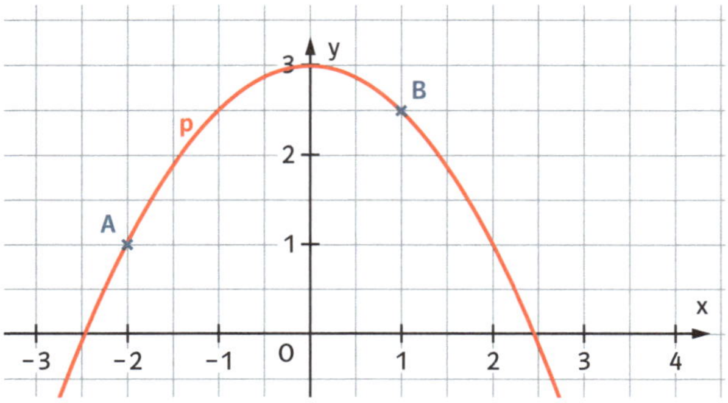

b) rechnerisch im Heft: ______________

3 Durchschnittliche Geschwindigkeit bei einer Fahrradtour

Axel fährt mit dem Rad von Bad Boll über Göppingen auf den Hohenstaufen. Er startet um 9:00 Uhr. Die ersten 10 km fährt er in 22 min. Von Göppingen bis zum Hohenstaufen geht es 8 km lang bergauf, er ist 32 min unterwegs. Wie groß war seine durchschnittliche Geschwindigkeit?

____

____

Musterlösungen

1 Steigung einer Geraden → 1

Die Steigung m einer Geraden kann man mithilfe eines Steigungsdreiecks bestimmen. Dabei ist m der Quotient aus y-Wert durch x-Wert.

f: $m_f = 1$ g: $m_g = \frac{-1}{2} = -\frac{1}{2}$

h: $m_h = \frac{2}{3}$ i: Die Gerade ist waagerecht, also $m = 0$.

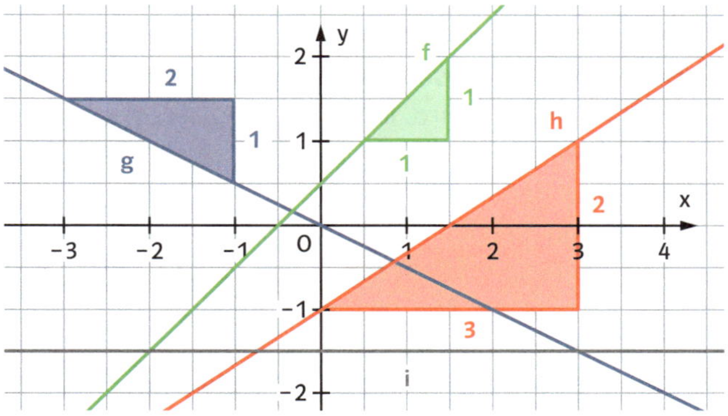

2 Steigung zwischen zwei Punkten → 2

a) *Bestimmung der Steigung mithilfe des Schaubilds.*

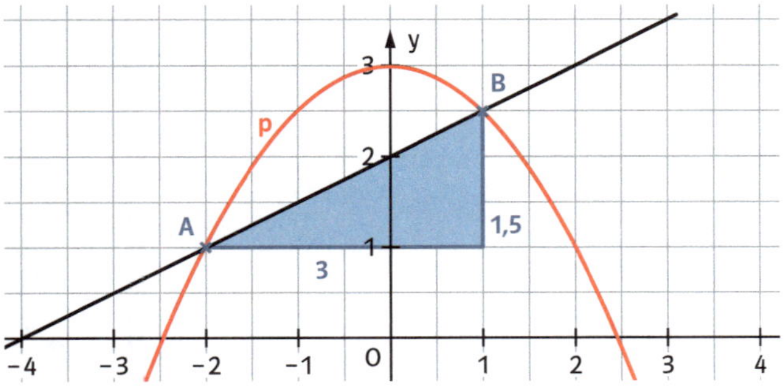

Steigung $m = \frac{1{,}5}{3} = \frac{1}{2}$

b) *Rechnerische Bestimmung der Steigung: Die Steigung zwischen zwei Punkten berechnet man mithilfe des sogenannten*

Differenzenquotienten $m = \frac{y_B - y_A}{x_B - x_A}$.

Die Punkte sind $A(-2\,|\,1)$ und $B(1\,|\,2{,}5)$.

Daher ist die Steigung $m = \frac{2{,}5 - 1}{1 - (-2)} = \frac{1{,}5}{3} = \frac{1}{2}$.

3 Durchschnittliche Geschwindigkeit bei einer Fahrradtour → 3

Die Strecke s ist insgesamt 18 km lang. Dafür braucht Axel die Zeit t von 54 min, also 0,9 Stunden.

Seine durchschnittliche Geschwindigkeit v beträgt daher $v = \frac{s}{t} = \frac{18\,\text{km}}{0{,}9\,\text{h}} = 20\,\frac{\text{km}}{\text{h}}$.

Schätzen Sie sich auf Seite 76 erneut ein (B).

Übungsaufgaben

1 Steigung einer Geraden rechnerisch bestimmen → 1

Eine Gerade geht durch 2 Punkte P und Q. Bestimmen Sie die Steigung m der Geraden rechnerisch.

a) $P(0\,|\,3)$; $Q(1\,|\,-2)$ ______

b) $P(2\,|\,-1)$; $Q(-1\,|\,2)$ ______

c) $P(5\,|\,2)$; $Q(-5\,|\,2)$ ______

d) $P\left(\frac{3}{2}\,\middle|\,-\frac{1}{2}\right)$; $Q\left(-\frac{9}{4}\,\middle|\,\frac{5}{8}\right)$ ______

2 25 Punkte → 2

Im Koordinatensystem sind 25 Punkte markiert.

a) Welche Steigung hat die Gerade g?

______

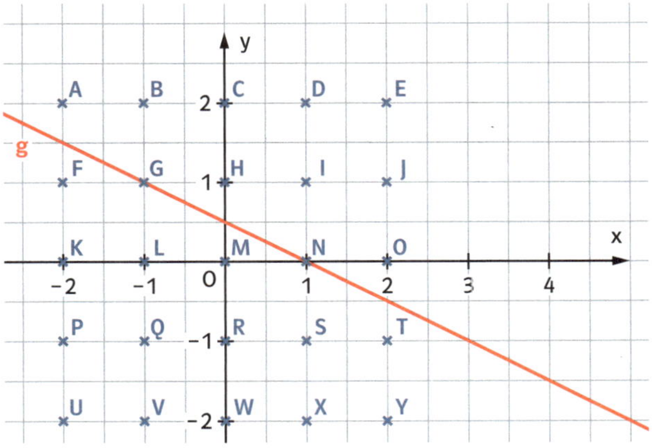

b) Gibt es Geraden, die durch drei bzw. vier markierte Punkte gehen? Zeichnen Sie diese in das Koordinatensystem ein.

c) Zeichnen Sie eine Gerade in das Koordinatensystem ein, die die Steigung $m = -1$ hat und nur durch einen markierten Punkt geht.

d) Nennen Sie die Gleichung einer Geraden, die durch keinen der markierten Punkte geht.

______

3 Streckenprofil einer Fahrradtour → **2**

Dies ist das Streckenprofil von Axels Radtour von Bad Boll über Göppingen zum Berg Hohenstaufen.

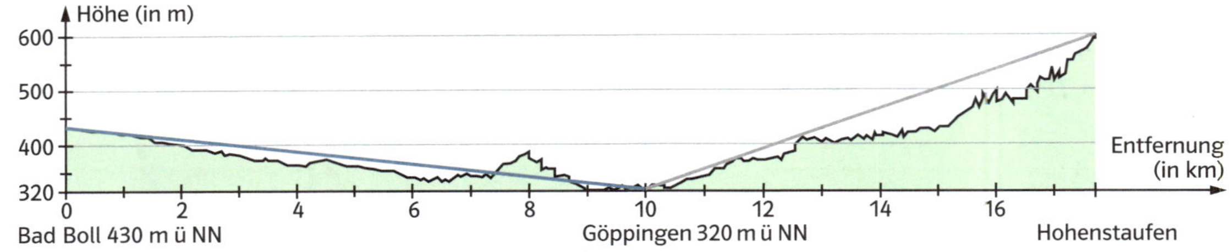

a) Wie groß ist das durchschnittliche Gefälle (in Höhenmetern/km) von Bad Boll bis Göppingen?

______

b) Wie groß ist der durchschnittliche Anstieg von Göppingen bis zum Hohenstaufen?

______

c) Wie groß ist der durchschnittliche Höhenunterschied zwischen Bad Boll und dem Hohenstaufen?

______

4 Kraftstoffverbrauch → **2**

Das Schaubild gibt den Tankinhalt eines Mopeds während einer 120 km langen Fahrt an.

a) Wie groß war der durchschnittliche Kraftstoffverbrauch (in l/100 km) bei der gesamten Fahrt?

______

b) In welchem Streckenabschnitt war der Kraftstoffverbrauch am größten, in welchem am geringsten? Begründen Sie.

______

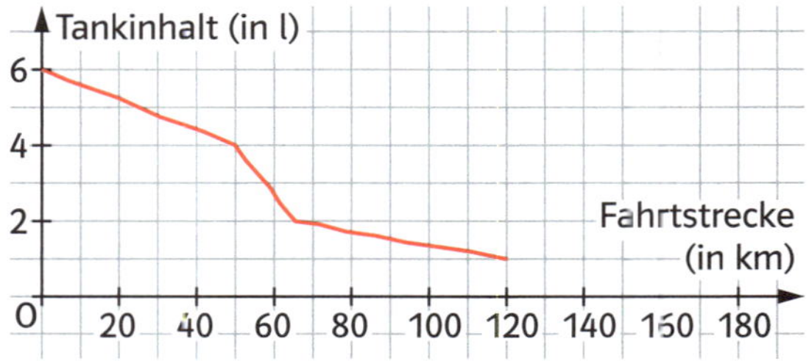

5 Durchschnittliche Änderungsrate einer Funktion f im Sachzusammenhang → **2**, **3**

Was bedeutet die durchschnittliche Änderungsrate in diesem Zeitintervall?

a) Die Funktion f beschreibt die gefahrene Strecke eines Autos in Abhängigkeit von der Zeit. Um 14:00 Uhr fährt das Auto los. Um 17:00 Uhr hat es 195 km zurückgelegt.

$\frac{195}{(17-14)}$ = ______. Das Auto fährt durchschnittlich mit ______

b) Die Funktion f beschreibt die Wassermenge in einem Becken in Abhängigkeit von der Zeit. Zu Beginn sind 10 l Wasser im Becken, 3 Stunden später sind es 25 l.

______

c) Die Funktion f beschreibt die Temperatur im Laufe eines Tages in einer Stadt. Um 10:30 Uhr werden 18 °C, um 13:00 Uhr werden 25 °C gemessen.

______

Änderungsrate
Die Durchschnittsgeschwindigkeit wird auch als Änderungsrate des zurückgelegten Wegs in einem Zeitintervall bezeichnet.

6 Kressepflanze → **2**

Die Höhe einer Kressepflanze wurde über mehrere Tage bestimmt.

Tage	0	1	2	3	4	5	6	7	8
Höhe (in mm)	0	0	0	0	1	2	4	6	7

Bestimmen Sie die durchschnittliche Änderungsrate der Pflanzenhöhe.

a) für den ganzen Zeitraum.

______

b) für die ersten 3 Tage.

______

c) für die letzten 3 Tage.

______

d) für die mittleren 3 Tage.

______

7 Steigung einer Parabel in einem Punkt → 1

Bestimmen Sie die Steigung der Parabel in den Punkten A, B, C und D, indem Sie die Steigung der eingezeichneten Tangenten bestimmen.

A ______________________

B ______________________

C ______________________

D ______________________

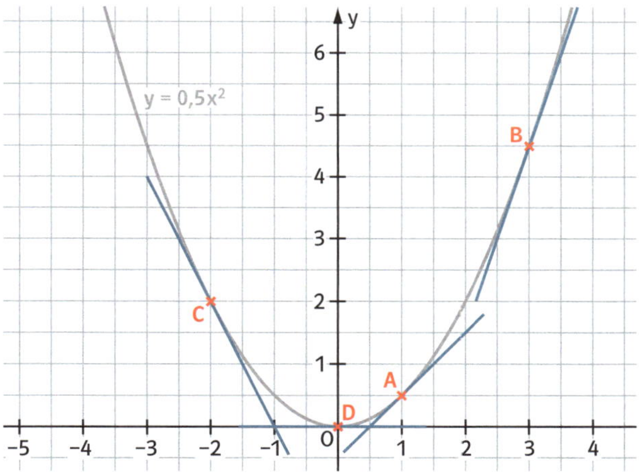

Tangente
Eine Gerade, die mit einer Parabel nur einen Punkt gemeinsam hat, heißt Tangente.

8 Rutsche → 1, 2

Die Rutsche in einem Freibad ist 3 m hoch und endet 30 cm über dem Wasser.

a) Wo ist die Rutsche am steilsten? Bestimmen Sie diese Steigung mithilfe des Schaubilds.

____

b) Berechnen Sie die Steigung der Leiter und die durchschnittliche Steigung der Rutsche.

____

____

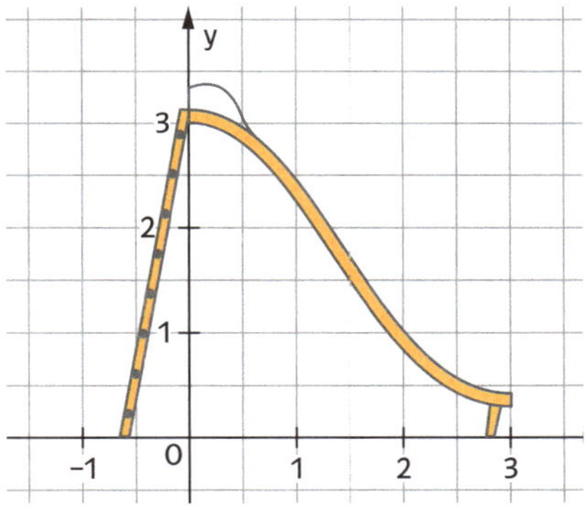

9 Steigung in einem Punkt näherungsweise berechnen → 1, 2

a) Bestimmen Sie die durchschnittliche Änderungsrate der Parabel, indem Sie die Steigung der Geraden durch zwei Punkte berechnen.

A und B_1: ______________________

A und B_2: ______________________

A und B_3: ______________________

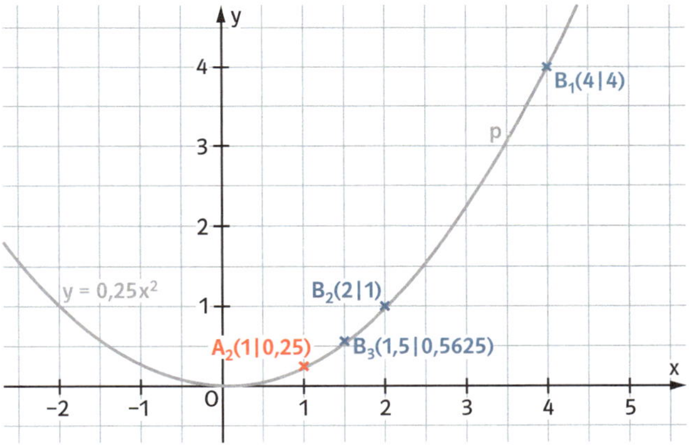

b) Bestimmen Sie zeichnerisch die Steigung in der Parabel im Punkt A, indem Sie die Tangente an das Schaubild in A einzeichnen.

____

c) Berechnen Sie die Steigung der Geraden durch die Punkte A(1 | 0,25) und B_4(1,01 | 0,255).

____

d) Was fällt Ihnen auf, wenn Sie alle Ihre Ergebnisse betrachten?

____

____

____

momentane Änderungsrate
Die Steigung einer Parabel in einem Punkt wird auch als **momentane Änderungsrate** bezeichnet.

Schätzen Sie sich noch einmal auf Seite 76 ein (B).

Fit bleiben

1 Terme vereinfachen

Testaufgaben, Seite 3

Die Lösungen zu den Testaufgaben finden Sie bei den Musterlösungen auf Seite 4.

Übungsaufgaben, Seite 5

1 Klammern auflösen und Terme zusammenfassen

a) $9a - 9$ b) $m - n + 1$
c) $2x - y$ d) $2m + 2n$
e) $3a + 2b$ f) $x - 4y$

2 Ausmultiplizieren und zusammenfassen

a) $8a - 28ab$ b) x^2
c) $12s^2 + 143st - 12t^2$ d) $4x^2 - 10xy + 4y^2$

3 Faktorisieren

a) $14x(x - 2)$ b) $5xy(3x - 5y)$
c) $11ab(3a + 7 - b)$ d) $a(3a + 1 - 3b - b^2)$

4 Mehrfachklammern auflösen

a) $2a - b$ b) $2c - d$

5 Umformen mit binomischen Formeln

a) $4a^2 + 12a + 9$ b) $x^2 - 6xy + 9y^2$
c) $49s^2 - t^2$ d) $u^2 - 2uv + v^2$
e) $(4x + 5y)^2$ f) $(10r - 1)^2$

2 Noch mehr Terme

Testaufgaben, Seite 6

Die Lösungen zu den Testaufgaben finden Sie bei den Musterlösungen auf den Seiten 7 und 8.

Übungsaufgaben, Seite 8

1 Vereinfachen von Bruchtermen

a) $\frac{3}{7}$ b) $\frac{1}{3}$ c) $\frac{3}{4}x$ d) $5ac$
e) $\frac{1}{4}$ f) $\frac{5}{3}$ g) $\frac{x-2}{3}$ h) $\frac{7x-9y}{2}$

2 Berechnen von Bruchtermen

a) $\frac{1}{3}$ b) $\frac{2}{3}$ c) $\frac{5}{8}$ d) $\frac{1}{2}$
e) $\frac{x}{9}$ f) $2x$ g) $\frac{3a^2}{4}$ h) $\frac{v-1}{2u}$

3 Umformen mithilfe der Potenzgesetze

a) $5^7 = 78\,125$ b) $7^3 = 343$
c) $6^{-5} = \frac{1}{6^5} = \frac{1}{7776}$ d) $4^3 = 64$
e) $2^{12} = 4096$ f) $10^3 = 1000$
g) a h) x^{2n-1}

Übungsaufgaben, Seite 9

4 Große und kleine Zahlen – wissenschaftliche Schreibweise

a) $8{,}35 \cdot 10^8$; $2{,}5 \cdot 10^{-9}$; $2{,}013 \cdot 10^{13}$; $9{,}65 \cdot 10^{12}$
b) 2 800 000 000; 0,0000 000 328; 299 792 458; 10^{-9}
c) $\approx 1{,}22 \cdot 10^{17}$; $9{,}36 \cdot 10^{-17}$

5 Umformen mithilfe der Wurzelgesetze

a) 8 2 $2y$ $\frac{x^2}{2}$
b) $4\sqrt{2}$ $8a\sqrt{2a}$ $7\sqrt{2}$ $-t\sqrt{3s}$

Exkurs – Pascal'sches Dreieck

6

a) Im Pascal'schen Dreieck ist jede Zahl die Summe der beiden Zahlen, die links und rechts oberhalb von ihr stehen.
7. Zeile: 1 6 15 20 15 6 1
8. Zeile: 1 7 21 35 35 21 7 1

b) $(a + b)^2 = a^2 + 2ab + b^2$
$(a + b)^3 = a^3 + 3a^2b + 3ab^2 + b^3$
$(a + b)^4 = a^4 + 4a^3b + 6a^2b^2 + 4ab^3 + b^4$
Der **Exponent des Binoms** bestimmt die Zeile des Pascal'schen Dreiecks, genauer
Exponent des Binoms = Zeile des Pascal'schen Dreiecks – 1.
Im Pascal'schen Dreieck können dann die Koeffizienten abgelesen werden.
Entstehung der ersten Zeile: $(a + b)^0 = 1$
Entstehung der zweiten Zeile: $(a + b)^1 = a + b$

c) Die sogenannten Dreieckszahlen finden sich in der dritten Diagonalen (in der Grafik orange unterlegt).
Die Differenzen zwischen den einzelnen Gliedern der Dreieckszahlen vergrößern sich immer um 1.

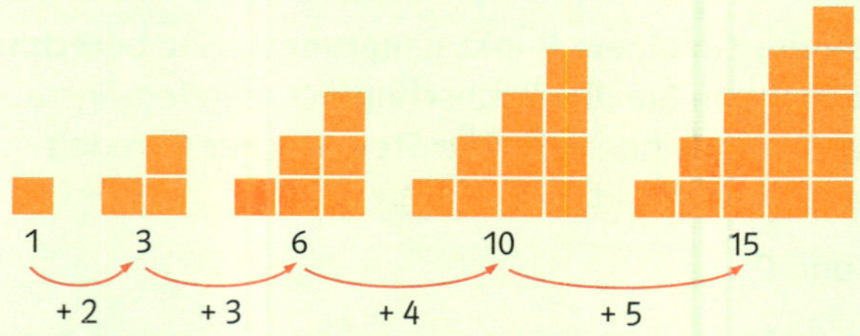

$n = 1$: $\frac{n}{2} \cdot (n + 1) = \frac{1}{2} \cdot (1 + 1) = 1$

$n = 2$: $\frac{n}{2} \cdot (n + 1) = \frac{2}{2} \cdot (2 + 1) = 3$

$n = 3$: $\frac{n}{2} \cdot (n + 1) = \frac{3}{2} \cdot (3 + 1) = 6$

$n = 4$: $\frac{n}{2} \cdot (n + 1) = \frac{4}{2} \cdot (4 + 1) = 10$

Nächste Dreieckszahlen sind 15; 21; 28; 36; 45; …
Man kann erkennen, dass sich die Differenz zwischen zwei aufeinanderfolgenden Dreieckszahlen immer um 1 erhöht.

Übungsaufgaben, Seite 10

7 Terme aufstellen und berechnen

a) Quadratfigur

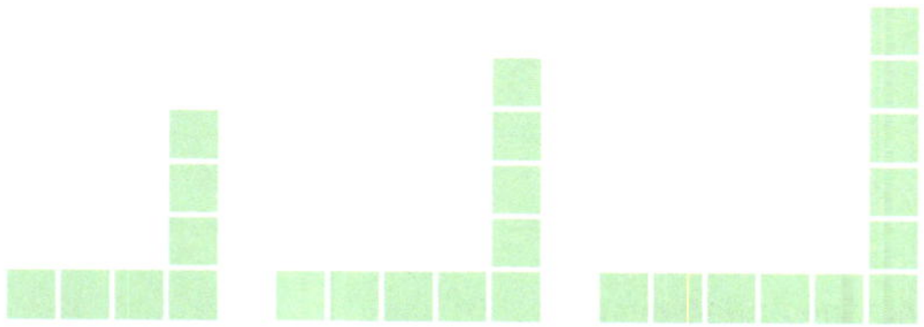

4 + 3 5 + 4 6 + 5 Quadrate
u = 16 LE u = 20 LE u = 24 LE
A = 7 FE A = 9 FE A = 11 FE

Die 100. Figur besteht aus 199 Quadraten.
Term für den Umfang der n-ten Figur: $4n \cdot x$
Term für den Flächeninhalt der n-ten Figur: $(2n - 1) \cdot x^2$

b) Quadratsummen
Ja, Svenja hat Recht.
$5^2 + 6^2 + 7^2 + 8^2 = 25 + 36 + 49 + 64 = 174$
$n^2 + (n + 1)^2 + (n + 2)^2 + (n + 3)^2 = 4n^2 + 12n + 14$
$= 2 \cdot (2n^2 + 6n + 7)$
Damit ist die Zahl immer durch 2 teilbar und somit gerade.

Werden drei aufeinanderfolgende Quadratzahlen addiert, dann hängt es davon ab, ob man mit einer ungeraden oder einer geraden Zahl startet.
Sind in der Summe zwei gerade Quadratzahlen vertreten, dann ist die Summe dreier aufeinanderfolgender Quadratzahlen ungerade. Sind in der Summe zwei ungerade Quadratzahlen vertreten, dann ist die Summe gerade.

c) Würfelkörper
- Würfelzehnling mit 10 Würfeln
  Länge einer Würfelkante: a = 10 cm
  Anzahl der Kanten ist 48
  Kantensumme $K_{10} = 480\,cm$
  Volumen $V_{10} = 10\,000\,cm^3 = 10\,dm^3$
- Würfelhundertling mit 100 Würfeln
  Term für die Berechnung des Oberflächeninhalts:
  $O_{100} = 402\,a^2$
  Volumen $V_{100} = 402 \cdot a^2 = 12\,500\,mm^3 = 12{,}5\,cm^3$
- Würfelhundertling und Würfelzehnling mit gleichem Volumen 100 dm³
  $O_{100} = 402\,dm^2$; $O_{10} \approx 194{,}9\,dm^2$;
  Differenz $D \approx 402\,dm^2 - 194{,}9\,dm^2 = 207{,}1\,dm^2$
  Die beiden Oberflächen unterscheiden sich um $207{,}1\,dm^2$.

3 Lineare Gleichungen

Testaufgaben, Seite 11

Die Lösungen zu den Testaufgaben finden Sie bei den Musterlösungen auf den Seiten 12 und 13.

Übungsaufgaben, Seite 13

1 Lineare Gleichungen lösen

a) x = 3	b) x = 0
c) x = 1,5	d) x = −2
e) x = −0,5	f) x = 1
g) x = 1	h) x = −1
i) x = −15	j) x = 5
k) x = 4	l) x = 3

Übungsaufgaben, Seite 14

2 Formeln auflösen

a) $a = \frac{A}{b}$; $b = \frac{A}{a}$

b) $h = \frac{V}{a^2}$; $a = \sqrt{\frac{V}{h}}$

c) $a = \frac{2A}{h} - c$; $h = \frac{2A}{a + c}$

d) $h = \frac{3V}{\pi \cdot r^2}$; $r = \sqrt{\frac{3V}{\pi \cdot h}}$

e) $m = \frac{r \cdot F}{v^2}$; $r = \frac{m \cdot v^2}{F}$; $v = \sqrt{\frac{r \cdot F}{m}}$

f) $v = \sqrt{2as}$; $a = \frac{v^2}{2s}$; $s = \frac{v^2}{2a}$

3 Zeichnerische Lösung von linearen Gleichungen

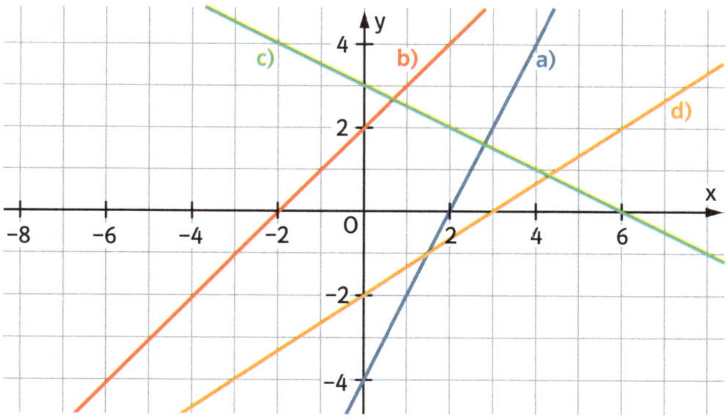

a) $2x - 4 = 0$
zugehörige Geradengleichung: $y = 2x - 4$
$x = 2$

b) $x + 2 = 0$
zugehörige Geradengleichung: $y = x + 2$
$x = -2$

c) $-\frac{1}{2}x + 3 = 0$
zugehörige Geradengleichung: $y = -\frac{1}{2}x + 3$
$x = 6$

d) $\frac{2}{3}x = 2$ d.h. $\frac{2}{3}x - 2 = 0$
zugehörige Geradengleichung: $y = \frac{2}{3}x - 2$
$x = 3$

Exkurs – Lineare Ungleichungen

4 a) $x < 3$

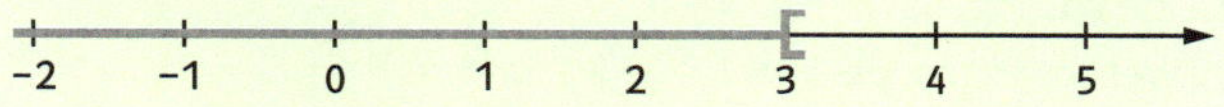

$x > -1$

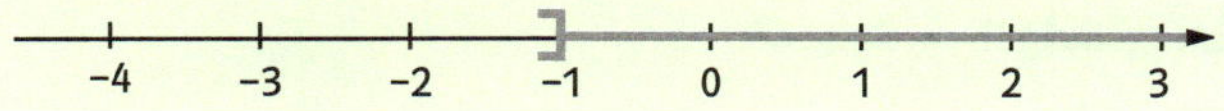

Übungsaufgaben, Seite 15

b) $x > -3$

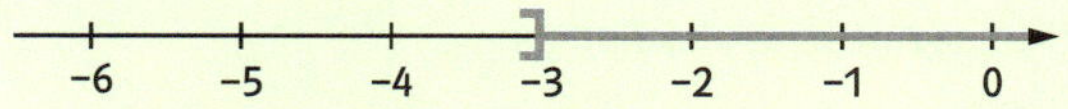

$x > 1{,}5$

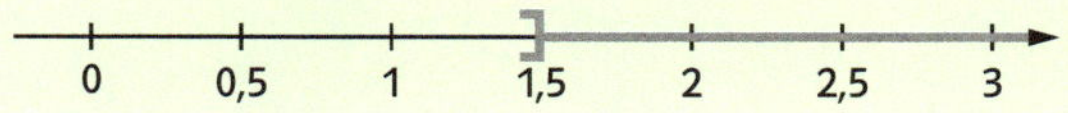

5 Sachprobleme rechnerisch lösen

a) Die Variable x gibt die Anzahl der Hin- und Rückfahrten an.
Gleichung der Tabelle:

120 € · x = 120 € · x · 0,75 + 62 €	| Termumformung
120 € · x = 90 € · x + 62 €	| (−90 € · x)
30 € · x = 62 €	| : 30
x ≈ 2,07	

Ab der 3. Reise lohnt sich die BahnCard 25.

Gleichung für die BahnCard 50:
120 € · x = 120 € · x · 0,5 + 255 €

Gleichung für die BahnCard 100:
120 € · x = 4395 €

Für Frau Köhler lohnt sich die BahnCard 50 ab der 5. Reise, die BahnCard 100 lohnt sich ab der 37. Reise.

Vergleich der BahnCard 50 und BahnCard 100 für Herrn Müller.
Mögliche Gleichung:
$300\,€ \cdot x \cdot 0{,}5 + 255\,€ = 4395\,€$
$x = 27{,}6$
Ab der 28. Reise ist die BahnCard 100 günstiger für Herrn Müller.

b) Gesamtpreis EUROTOUR: 2490,00 €
EuroCamper: $1500\,€ + (x - 2000) \cdot 0{,}39\,€ + 150\,€$
Mögliche Gleichung:
$1500\,€ + (x - 2000) \cdot 0{,}39\,€ + 150\,€ = 2490\,€$
$1650\,€ + 0{,}39\,€ \cdot x - 780\,€ = 2490\,€$
$x \approx 4154$
Da Familie Welz mindestens 5000 km Fahrstrecke einplanen muss, sollte sie sich für EUROTOUR entscheiden.

4 Quadratische Gleichungen

Testaufgaben, Seite 16
Die Lösungen zu den Testaufgaben finden Sie bei den Musterlösungen auf den Seiten 17 und 18.

Übungsaufgaben, Seite 18

1 Rein quadratische Gleichungen
a) Zwei Lösungen, da $x^2 = 1$; $x_1 = +1$ und $x_2 = -1$.
b) Keine Lösung, da $x^2 = -1$.
c) Eine Lösung, da $x^2 = 0$. $x = 0$.
d) Zwei Lösungen, da $x^2 = 1$; $x_1 = +1$ und $x_2 = -1$.

Übungsaufgaben, Seite 19

2 Gemischt quadratische Gleichungen
a) $x_1 = 1$; $x_2 = -4$
b) $x_1 = x_2 = -3$
c) $x_1 = 5$; $x_2 = -4$
d) $x_1 = 4$; $x_2 = -2$
e) $x_1 = 4$; $x_2 = -3$
f) $x_1 = 6$; $x_2 = -2$

3 Gemischt quadratische Gleichungen
a) $x_1 = \frac{1}{2}$; $x_2 = -\frac{3}{4}$
b) $x_1 = \frac{1}{3}$; $x_2 = 2$
c) $x_1 = \frac{2}{3}$; $x_2 = -\frac{3}{4}$
d) $x_1 = 1$; $x_2 = 5$
e) $x_1 = 10$; $x_2 = -8$
f) $x_1 = x_2 = -\frac{2}{3}$

Exkurs – Untersuchung der Diskriminante

4 a) $D = \left(\frac{p}{2}\right)^2 - q = \left(\frac{5}{2}\right)^2 - 6 = 6{,}25 - 6 = 0{,}25 > 0$
$D = b^2 - 4ac = 5^2 - 4 \cdot 1 \cdot 6 = 25 - 24 = 1 > 0$
zwei Lösungen

Mit der pq-Formel bzw. der abc-Formel erhält man eine andere Diskriminante. Für die Anzahl der Lösungen ist nur entscheidend, ob die Diskriminante positiv, negativ oder gleich 0 ist.

b) $D > 0$; zwei Lösungen
c) $D = 0$; eine Lösung
d) $D < 0$; keine Lösung
e) $D = 0$; eine Lösung

5 Quadratische Gleichungen
a) $x_1 = 2$; $x_2 = -10$
b) $x_1 = 1{,}4$; $x_2 = 1$
c) $x_1 = 2$; $x_2 = 5$
d) $x_1 = 4$; $x_2 = -4$
e) $x_1 = x_2 = 1$
f) $x_1 = 2$; $x_2 = 0{,}4$
g) $x_1 = 2$; $x_2 = -10$
h) keine Lösung; da $D < 0$

Übungsaufgaben, Seite 20

Exkurs – Der Satz vom Nullprodukt

6
a) $x(x + 5) = 0$; $x_1 = 0$; $x_2 = -5$
b) $x(2x - 6) = 0$ oder $2x(x - 3) = 0$; $x_1 = 0$; $x_2 = 3$
c) $x^2 - 4x = 0$ d.h. $x(x - 4) = 0$; $x_1 = 0$; $x_2 = 4$
d) $(x + 3)(x + 3) = 0$; $x_1 = x_2 = -3$
e) $2(x - 5)^2 = 0$; $x_1 = x_2 = 5$
f) $(3x - 6) = 0$ oder $(2x + 3) = 0$; $x_1 = 2$; $x_2 = -1{,}5$
g) $2x^2 - 9x = 0$ d.h. $x(2x - 9) = 0$; $x_1 = 0$; $x_2 = 4{,}5$

Exkurs – Bruchgleichungen

7

a) $D = \mathbb{R}\setminus\{0\}$	HN: $4x$	$\mathbb{L} = \{-2; 8\}$
b) $D = \mathbb{R}\setminus\{0\}$	HN: $4x$	$\mathbb{L} = \{-4; 2\}$
c) $D = \mathbb{R}\setminus\{0; 4\}$	HN: $x(x - 4)$	$\mathbb{L} = \{-2; 5\}$
d) $D = \mathbb{R}\setminus\{1\}$	HN: $2(x - 1)$	$\mathbb{L} = \{0; 2\}$
e) $D = \mathbb{R}\setminus\{-2\}$	HN: $2(x + 2)$	$x_1 = -2$; $x_2 = 7$;

aber -2 ist nicht in der Definitionsmenge, daher gilt $\mathbb{L} = \{7\}$.

f) $D = \mathbb{R}\setminus\{0; 2\}$	HN: $x(x - 2)$	$\mathbb{L} = \{4; -1\}$

HN steht für **Hauptnenner**, Definitionsmenge D und Lösungsmenge $\mathbb{L}$ der Gleichung.

Übungsaufgaben, Seite 21

8 Welche Formel ist vorteilhafter?
a) abc-Formel $x_1 = -2$; $x_2 = \frac{4}{3}$
b) pq-Formel $x_1 = 4$; $x_2 = -5$
c) abc-Formel $x_1 = 2$; $x_2 = -\frac{2}{3}$
d) pq-Formel $x_1 = 10$; $x_2 = -6$

Man multipliziert die Gleichung mit 2.

e) abc-Formel $x_1 = 1$; $x_2 = -0{,}4$
f) abc-Formel $x_1 = 1$; $x_2 = -\frac{2}{3}$

Exkurs – Linearfaktoren und Nullstellenform

9
a) $(x + 1)(x + 6) = 0$ $x_1 = -1$; $x_2 = -6$
$(x - 2)(x + 3) = 0$ $x_1 = 2$; $x_2 = -3$
$x(x - 5) = 0$ $x_1 = 0$; $x_2 = 5$
$(2x + 8)(6 - 3x) = 0$ $x_1 = -4$; $x_2 = 2$
$(2x + 5)(5x - 2) = 0$ $x_1 = -\frac{5}{2}$; $x_2 = \frac{2}{5}$
$3(4x - 5)(6 + 7x) = 0$ $x_1 = \frac{5}{4}$; $x_2 = -\frac{6}{7}$

b) $x_1 = 5$ und $x_2 = 3$ haben die Linearkombination
$(x - 5)(x - 3) = 0$, also $x^2 - 8x + 15 = 0$
$x_1 = -2$ und $x_2 = -3$ haben die Linearkombination
$(x + 2)(x + 3) = 0$, also $x^2 + 5x + 6 = 0$
$x_1 = -\frac{1}{2}$; $x_2 = \frac{1}{3}$ haben die Linearkombination
$\left(x + \frac{1}{2}\right)\left(x - \frac{1}{3}\right) = 0$, also $x^2 + \frac{1}{6}x - \frac{1}{6} = 0$

10 Lösungen überprüfen

a) Einsetzen von $x = 2$ in die Gleichung ergibt $-2 = -2$;
$x = 2$ ist Lösung der Gleichung.

Es gibt keine weiteren Lösungen.

b) $x = \frac{1}{3}$ ist Lösung der Gleichung.

Man kann für x jede beliebige Zahl einsetzen. Die Gleichung ist allgemeingültig.

c) $x = -3$ einsetzen ergibt $36 = 18$. Dies ist eine falsche Aussage. $x = -3$ ist keine Lösung der Gleichung.

d) $x = 0$ ist Lösung der Bruchgleichung.

$x = -3$ ist eine weitere Lösung der Bruchgleichung.

5 Lineare Funktionen

Testaufgaben, Seite 22

Die Lösungen zu den Testaufgaben finden Sie bei den Musterlösungen auf den Seiten 23 bis 25.

Übungsaufgaben, Seite 26

1 Zum Schaubild die Geradengleichung bestimmen.

a) g: $y = 2x + 3$ h : $y = -2x + 1$
i: $y = x - 1$ j: $y = \frac{1}{2}x - 2$

b) g: $y = -x + 1{,}5$ h: $y = -\frac{1}{2}x - 1{,}5$
i: $y = 2{,}5x + 2{,}5$ j: $y = \frac{2}{3}x + 0{,}5$

2 Geraden zeichnen

a) g: $y = 3x - 2$ h: $y = -\frac{1}{2}x + 1$

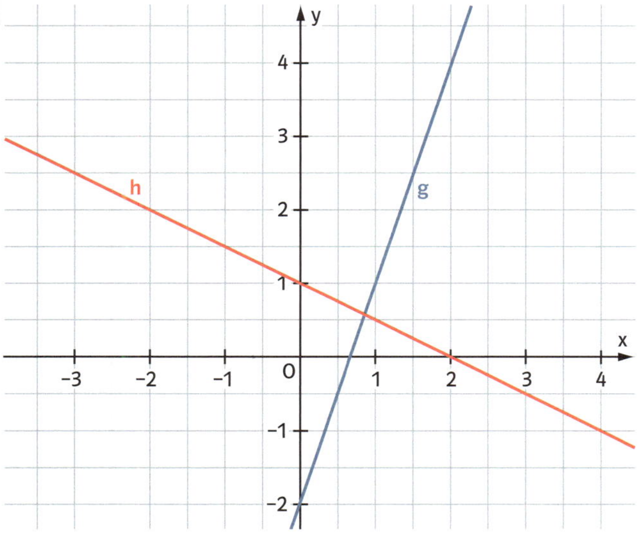

b) g: $y = \frac{2}{3}x - \frac{3}{2}$ h: $y = -\frac{5}{3}x + 0{,}5$

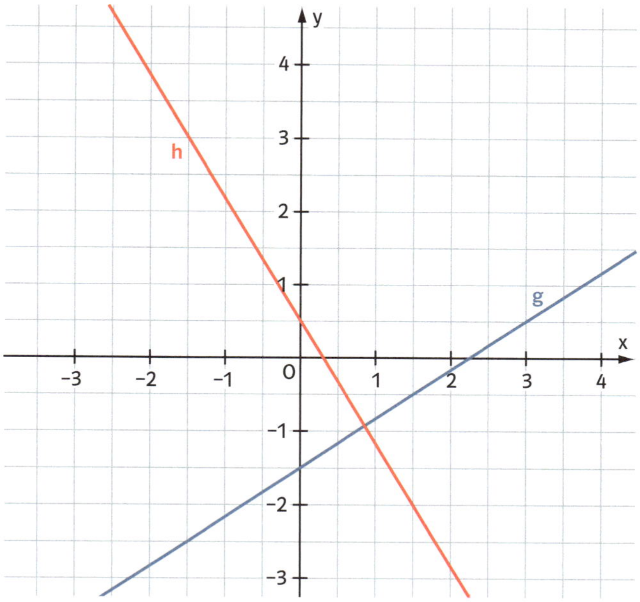

Übungsaufgaben, Seite 27

3 Lage zweier Geraden anhand ihrer Funktionsgleichungen prüfen

a) g_1: $y = 2x - 4$ h_1: $y = 2x + 6$
Da $m_g = m_h$, verlaufen g_1 und h_1 zueinander parallel.
g_2: $y = \frac{2}{3}x - 3$ h_2: $y = -\frac{3}{2}x + 7$
Da $m_g \cdot m_h = -1$, stehen g_2 und h_2 aufeinander senkrecht.

b) eine mögliche Gleichung für h: $y = \frac{3}{5}x + 1$
eine mögliche Gleichung für j: $y = -\frac{5}{3}x - 2$

c) eine mögliche Gleichung für h: $y = -\frac{1}{3}x + 1$
eine mögliche Gleichung für j: $y = \frac{7}{4}x + 3$

Individuelle Lösungen sind möglich.

d) Die Steigung von g ist 2, d.h. g: $y = 2x + c$.
Einsetzen des Punktes $P(3\,|\,-4)$ in die Geradengleichung ergibt $c = -10$, also g: $y = 2x - 10$.

4 Geradengleichungen bestimmen, wenn ein Punkt P und die Steigung m gegeben sind

a) g: $y = x - 1$ b) h: $y = \frac{3}{4}x + \frac{9}{2}$

c) i: $y = 1{,}5x - 7{,}25$ d) j: $y = -\frac{3}{5}x - \frac{9}{5}$

Exkurs – Punkt-Steigungs-Form

5

a) $y = m \cdot (x - x_P) + y_P$; $m = 3$, $P(4\,|\,8)$ einsetzen
$y = 3 \cdot (x - 4) + 8$
$y = 3x - 12 + 8$
$y = 3x - 4$ Die Geradengleichung lautet g: $y = 3x - 4$.

b) g: $y = -2x - 3$

c) g: $y = 4$

d) Die Punkte P, Q und R liegen auf der Geraden g: $y = \frac{1}{2}x - 5$.

Man stellt mit zwei Punkten eine Gerade auf und macht eine Probe, ob der 3. Punkt auf dieser Geraden liegt.

6 Geradengleichungen bestimmen, wenn zwei Punkte gegeben sind

a) g: $y = 2x - 1$ b) h: $y = -3x - 4$

c) i: $y = \frac{1}{2}x - 3$ d) j: $y = -\frac{5}{7}x - 5$

Übungsaufgaben, Seite 28

7 Anwendungssituationen mithilfe von linearen Funktionen lösen

a) Schneekanone

Geradengleichung für Schneehöhen ist g: $y = 5x + 10$.

Nach 10 Stunden misst die Schneehöhe 60 cm.

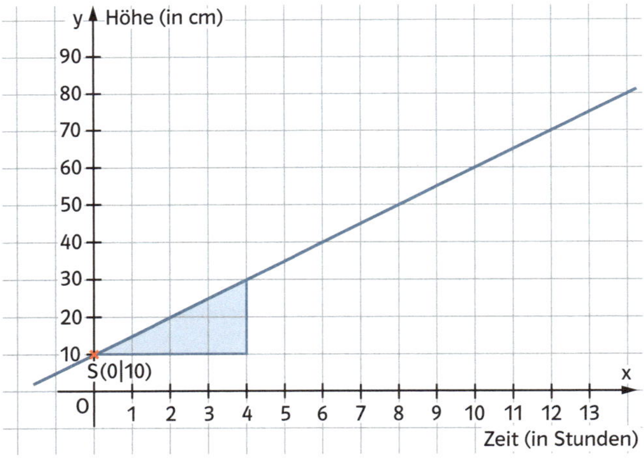

b) Fitness-Studio

Nutzung für ein halbes Jahr

Tageskarten: $P_{Tag} = 26 \cdot 2 \cdot 7{,}50\,€ + 60\,€ = 450\,€$

Monatskarten: $P_{Monat} = 6 \cdot 55\,€ + 60\,€ = 390\,€$

Jahreskarte: $P_{Jahr} = 600\,€$

Frau Bär sollte Monatskarten kaufen.

Nutzung für ein ganzes Jahr

Tageskarten: $P_{Tag} = 52 \cdot 2 \cdot 7{,}50\,€ + 60\,€ = 840\,€$

Monatskarten: $P_{Monat} = 12 \cdot 55\,€ + 60\,€ = 720\,€$

Jahreskarte: $P_{Jahr} = 600\,€$

Frau Bär soll die Jahreskarte nutzen.

Nutzung einmal pro Woche für ein ganzes Jahr

Tageskarten: $P_{Tag} = 52 \cdot 7{,}50\,€ + 60\,€ = 450\,€$

Monatskarten: $P_{Monat} = 12 \cdot 55\,€ + 60\,€ = 720\,€$

Jahreskarte: $P_{Jahr} = 600\,€$

Herr Bär sollte Einzelkarten kaufen.

6 Lineare Gleichungssysteme I

Testaufgaben, Seite 29

Die Lösungen zu den Testaufgaben finden Sie bei den Musterlösungen auf den Seiten 30 bis 32.

Übungsaufgaben, Seite 32

1 Schnittpunkte von Geraden bestimmen

a)

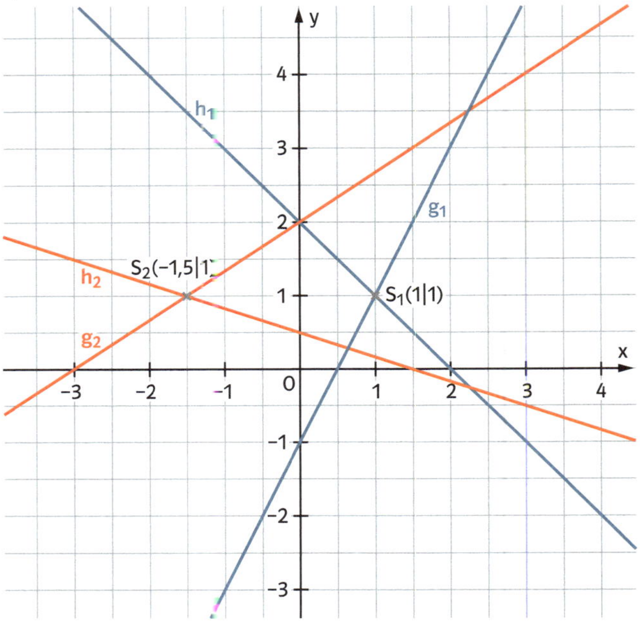

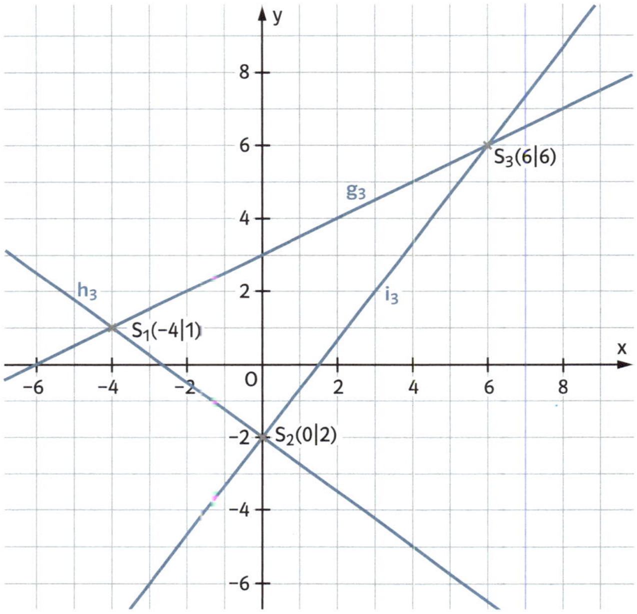

Übungsaufgaben, Seite 33

b) Schnittpunkt $S_1(5|2)$; Schnittpunkt $S_2(-2|3)$

c) Schnittpunkt $S_1(-5|0)$; Schnittpunkt $S_2(5|-2)$;
Schnittpunkt $S_3(2{,}5|2{,}5)$

2 Rechnerische Lösung von linearen Gleichungssystemen

a) $x = -17$; $y = -7$	b) $x = -2$; $y = -13$
c) $x = 1$; $y = 5$	d) $x = 2$; $y = -2$
e) $x = 1$; $y = 2$	f) $x = 4$; $y = 3$
g) $x = -1$; $y = -1$	h) $x = -2$; $y = -5$
i) $x = 7$; $y = -1$	j) $x = 2$; $y = 1$
k) $x = 1{,}5$; $y = -1$	l) $x = -2$; $y = -5$
m) $x = -1$; $y = 2$	n) $x = 13$; $y = 7$
o) $x = 3$; $y = -1$	p) $x = 8$; $y = 9$

Übungsaufgaben, Seite 34

3 Zeichnerische Lösung von linearen Gleichungssystemen

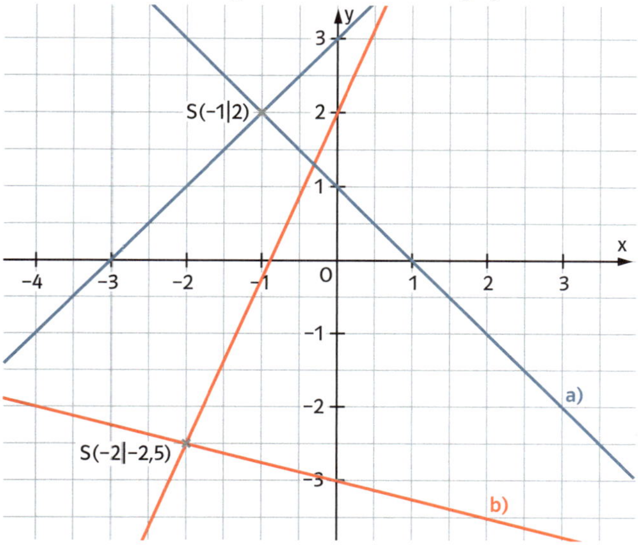

a) S(−1 | 2)
$x = -1;\ y = 2$

b) S(−2 | −2,5)
$x = -2;\ y = -2,5$

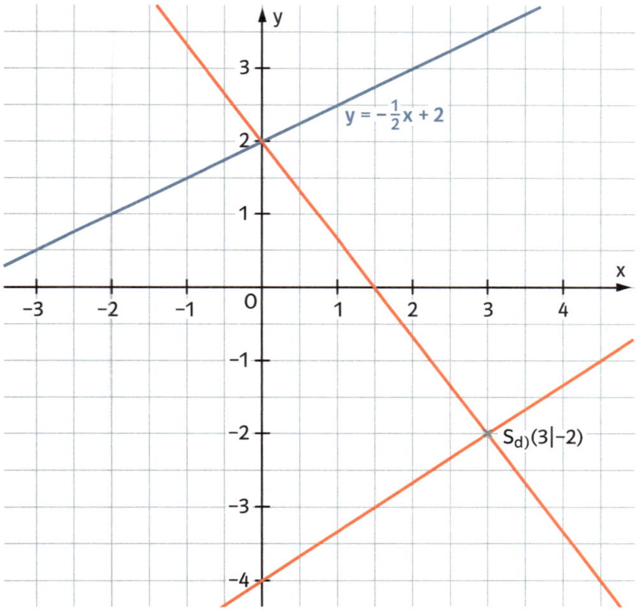

c) Die beiden Geraden sind identisch.

d) S(3 | −2)
$x = 3;\ y = -2$

Die beiden Geraden von Teilaufgabe c) sind identisch, daher gibt es unendlich viele Schnittpunkte.

Exkurs – Schreibweise bei Funktionen

4

a) f(4) = 32 cm f(7) = 41 cm
f(8) = 44 cm f(10) = 50 cm

b) Der Anfangswasserstand ist f(0) = 10 cm.
$30 = 5 \cdot x + 10 \quad | -10 \quad | :5$
$4 = x$
Nach 4 Sekunden betrug die Wasserstandshöhe 30 cm.
$50 = 5 \cdot x + 10 \quad | -10 \quad | :5$
$8 = x$
Nach 8 Sekunden war das Gefäß vollständig gefüllt.

Übungsaufgaben, Seite 35

5 Anwendungssituation mithilfe von linearen Gleichungssystemen lösen

a) Stromgebühren
Kosten Basistarif: $K_B = 5000 \cdot 0{,}254\,€ + 198\,€ = 1468\,€$
Kosten Partnerstrom: $K_P = 5000 \cdot 0{,}275\,€ + 12 \cdot 7{,}50\,€ = 1465\,€$
Das Angebot Partnerstrom ist günstiger.
Ein Tarifwechsel ist ab etwa 5143 kWh Verbrauch pro Jahr zu empfehlen.

Mögliche Lösung über ein lineares Gleichungssystem:
(1) $K_B = x \cdot 0{,}254\,€ + 198\,€$
(2) $K_P = x \cdot 0{,}275\,€ + 12 \cdot 7{,}50\,€$
Gleichsetzen: $x \cdot 0{,}254\,€ + 198\,€ = x \cdot 0{,}275\,€ + 12 \cdot 7{,}50\,€$
ergibt $x \approx 5143$

b) Wasserbehälter
Füllung Behälter A: $P_A(0|0)$ und $Q_A(4|48)$
Gleichung für Behälter A: (1) $y = 12t$
Füllung Behälter B: $P_B(0|12)$ und $Q_B(2|32)$
Gleichung für Behälter B: (2) $y = 10t + 12$
Gleiche Wasserhöhe in beiden Behältern
Mögliche Lösung über ein lineares Gleichungssystem:
(1) = (2): $12t = 10t + 12 \quad | -10t$
$2t = 12 \quad | :2$
$t = 6$
Beide Behälter haben die gleiche Wasserhöhe nach 6 Stunden.
Behälter A: $120 = 12x$ d.h. $x = 10$
Behälter B: $120 = 10x + 12$ d.h. $x = 10{,}8$
Behälter A läuft zuerst über, er läuft nach 10 Stunden über.
Behälter B für $x = 10$: $10 \cdot 10 + 12 = 112$
Das Wasser im Behälter B steht im Moment des Überlaufens von Behälter A 112 cm hoch.

7 Parabeln zeichnen

Testaufgaben, Seite 36

Die Lösungen zu den Testaufgaben finden Sie bei den Musterlösungen auf den Seiten 38 bis 39.

Übungsaufgaben, Seite 40

1 Funktionsgleichungen aus Schaubildern bestimmen

a) Zu $y = (x-1)^2 - 3$ gehört Schaubild A.
Zu $y = x^2 - 1$ gehört Schaubild C.
Zu $y = (x+3)^2 + 2$ gehört Schaubild D.
Zu $y = (x-3)^2$ gehört Schaubild B.

b) Zu $y = -x^2 + 4$ gehört Schaubild B.
Zu $y = \frac{1}{2}x^2 + 4$ gehört Schaubild C.
Zu $y = -\frac{1}{2}x^2 + 1$ gehört Schaubild D.
Zu $y = 2x^2 - 1$ gehört Schaubild A.

2 Schaubilder von quadratischen Funktionen zeichnen

a) p_1: $y = (x+2)^2 - 3$ S(−2 | −3)
p_2: $y = (x-1)^2 + 1$ S(1 | 1)
p_3: $y = (x+1)^2 + 2$ S(−1 | 2)
p_4: $y = (x-3)^2 - 1$ S(3 | −1)

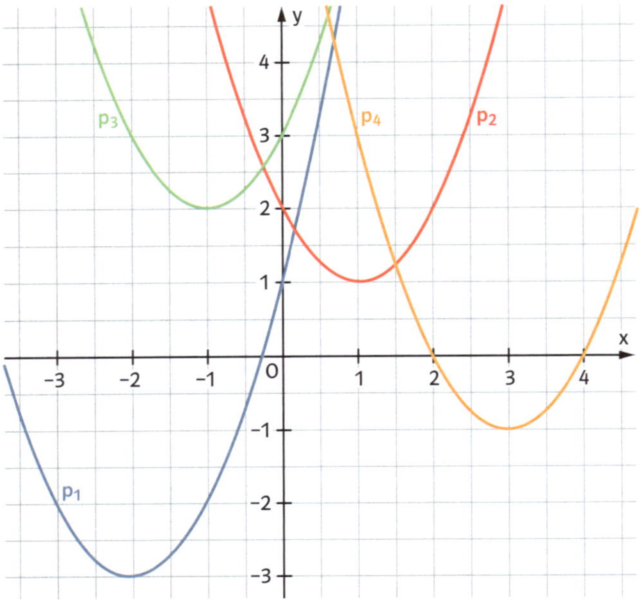

b) p_1: $y = -x^2 + 3$ S(0 | 3) nach unten geöffnet
p_2: $y = -x^2 - 1$ S(0 | −1) nach unten geöffnet
p_3: $y = (x - 2{,}5)^2 + 0{,}5$ S(2,5 | 0,5)
p_4: $y = (x + 0{,}5)^2 - 1{,}5$ S(−0,5 | −1,5)

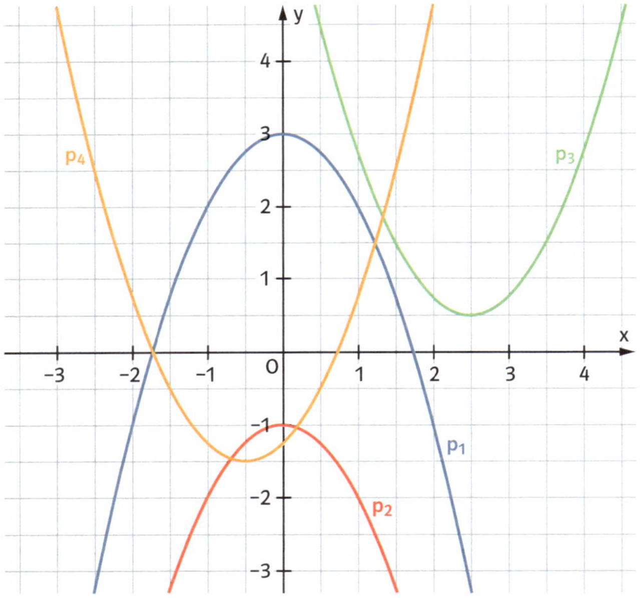

Übungsaufgaben, Seite 41

3 Schaubilder von quadratischen Funktionen der Form $y = ax^2 + c$ zeichnen

p_1: $y = \frac{1}{2}x^2 - 1$

x	−3	−2	−1	0	1	2	3
y	3,5	1	−0,5	−1	−0,5	1	3,5

p_2: $y = -2x^2 + 4$

x	−3	−2	−1	0	1	2	3
y	−14	−4	2	4	2	−4	−14

p_3: $y = -x^2 + 3$

x	−3	−2	−1	0	1	2	3
y	−6	−1	2	3	2	−1	−6

p_4: $y = \frac{1}{5}x^2 - 2$

x	−3	−2,5	−2	−1,5	−1	−0,5	0
y	−0,2	−0,75	−1,2	−1,55	−1,8	−1,95	−2

und

x	0,5	1	1,5	2	2,5	3
y	−1,95	−1,8	−1,55	−1,2	−0,75	−0,2

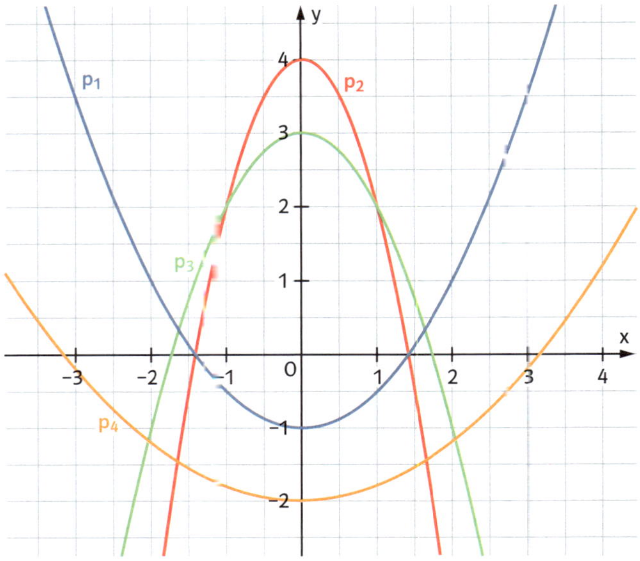

4 Funktionsgleichungen in die Scheitelpunktform umwandeln und Parabeln zeichnen

p_1: $y = (x + 1)^2 + 2$ S(−1 | 2)
p_2: $y = (x - 1)^2 + 1$ S(1 | 1)
p_3: $y = (x + 1{,}5)^2 - 2{,}5$ S(−1,5 | −2,5)
p_4: $y = (x - 1{,}5)^2 - 2{,}25$ S(1,5 | −2,25)

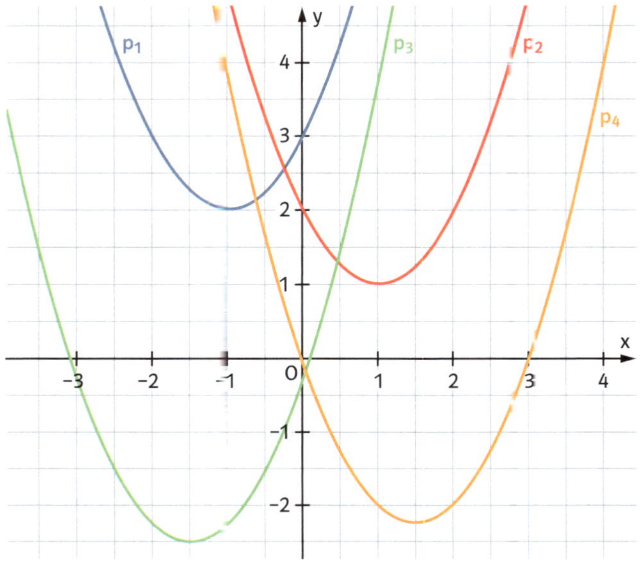

5 Die Formen von Parabeln beschreiben

a) p_1: $y = 3x^2 - 4$ Die Parabel ist schmaler als die Normalparabel. Die Parabel ist nach oben geöffnet. Ihr Scheitelpunkt S liegt unterhalb der x-Achse.

b) p_2: $y = -\frac{2}{3}x^2 + 1$ Die Parabel ist breiter als NP, nach unten geöffnet, S liegt oberhalb der x-Achse.

c) p_3: $y = -1{,}5x^2 + 0{,}5$ Die Parabel ist schmaler als NP, nach unten geöffnet, S liegt oberhalb der x-Achse.

d) p_4: $y = -\frac{5}{4}x^2 - \frac{1}{2}$ Die Parabel ist schmaler als NP, nach unten geöffnet, S liegt unterhalb der x-Achse.

Übungsaufgaben, Seite 42

Exkurs – Schaubilder von Funktionen der Form $y = ax^2 + bx + c$

6 Arten das Schaubild der Funktion zu zeichnen.

a) p_1: $y = \frac{1}{2}x^2 - 2x + 2$

x	−1	0	1	2	3	4	5
y	4,5	2	0,5	0	0,5	2	4,5

b) p_2: $y = -\frac{1}{2}x^2 + 2x$

$y = -\frac{1}{2}(x^2 - 4x)$

$y = -\frac{1}{2}(x^2 - 4x + 4) + 2$

$y = -\frac{1}{2}(x - 2)^2 + 2$ mit $S(2|2)$

c) p_3: $y = 2x^2 - 8x + 6$

Mit der Lösungsformel erhält man die beiden Nullstellen $x_1 = 1$ und $x_2 = 3$.

Genau in der Mitte zwischen 1 und 3 liegt $x_S = 2$ (x-Wert des Scheitelpunkts).

Durch Einsetzen von x_S in die Funktionsgleichung erhält man $y_S = -2$. $S(2|-2)$

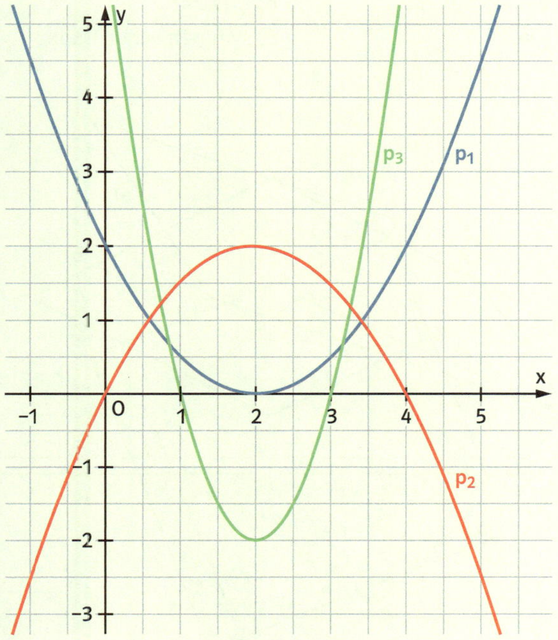

8 Rechnen mit quadratischen Funktionen

Testaufgaben, Seite 43

Die Lösungen zu den Testaufgaben finden Sie bei den Musterlösungen auf den Seiten 44 bis 45.

Übungsaufgaben, Seite 46

1 Parabelgleichung aus zwei Punkten bestimmen

a) $P(1|2)$: $2 = 1^2 + b \cdot 1 + c$
$Q(4|-1)$: $-1 = 4^2 + b \cdot 4 + c$
$b = -6;\ c = 7$
$p: y = x^2 - 6x + 7$

$y = (x - 3)^2 - 2$ $S(3|-2)$

b) $P(4|2)$: $2 = 4^2 + b \cdot 4 + c$
$Q(7|5)$: $5 = 7^2 + b \cdot 7 + c$
$b = -10;\ c = 26$
$p: y = x^2 - 10x + 26$

$y = (x - 5)^2 + 1$ $S(5|1)$

c) $P(-1|-3)$: $-3 = (-1)^2 + b \cdot (-1) + c$
$Q(-4|0)$: $0 = (-4)^2 + b \cdot (-4) + c$
$b = 4;\ c = 0$
$p: y = x^2 + 4x$

$y = (x + 2)^2 - 4$ $S(-2|-4)$

d) $B(0|2)$: $2 = 0^2 + b \cdot 0 + c$
$C(2{,}5|-1{,}75)$: $-1{,}75 = 2{,}5^2 + b \cdot 2{,}5 + c$
$b = -4;\ c = 2$
$p: y = x^2 - 4x + 2$

$y = (x - 2)^2 - 2$ $S(2|-2)$

Parabelgleichung $y = ax^2 + c$

e) $S(0|-5)$: $-5 = a \cdot 0^2 + c$
$P(2|-3)$: $-3 = a \cdot 2^2 + c$
$a = \frac{1}{2};\ c = -5$
$p: y = \frac{1}{2}x^2 - 5$

f) $S(0|2)$: $2 = a \cdot 0^2 + c$
$P(-2|-6)$: $-6 = a \cdot (-2)^2 + c$
$a = -2;\ c = 2$
$p: y = -2x^2 + 2$

2 Verschobene Normalparabel mit dem Punkt P.

a) $y = x^2 + 4x + c$ und $P(-4|2{,}5)$
$2{,}5 = (-4)^2 + 4 \cdot (-4) + c$
$c = 2{,}5$
$p: y = x^2 + 4x + 2{,}5$

b) $y = x^2 + bx - 2$ und $P(-3|1)$
$b = 2$
$p: y = x^2 + 2x - 2$

3 Schnittpunkte mit den Koordinatenachsen berechnen

N_1 und N_2 sind die Schnittpunkte mit der x-Achse.
S_y ist der Schnittpunkt mit der y-Achse.

a) $p: y = x^2 + 8x + 7$
$0 = x^2 + 8x + 7$ hat die Lösungen $x_1 = -1$ und $x_2 = -7$.
Nullstellen sind $N_1(-1|0)$ und $N_2(-7|0)$.
$y = 0^2 + 8 \cdot 0 + 7 = 7$
Schnittpunkt mit der y-Achse ist $S_y(0|7)$.

b) $p: y = x^2 - 7x + 10$ $N_1(5|0)$; $N_2(2|0)$; $S_y(0|10)$

4 Schnittpunkte von Parabel und Gerade berechnen
Parabel p und Gerade g

a) $p: y = x^2 - 2x - 3$ und $g: y = 2x - 3$
$x^2 - 2x - 3 = 2x - 3$ hat die Lösungen $x_1 = 0$ und $x_2 = 4$.
Schnittpunkte sind $P(0|-3)$ und $Q(4|5)$.

b) $p: y = x^2 + 4x + 1$ und $g: y = -2x - 4$
$x^2 + 4x + 1 = -2x - 4$ hat die Lösungen $x_1 = -1$ und $x_2 = -5$.
Schnittpunkte sind $P(-1|-2)$ und $Q(-5|6)$.

Übungsaufgaben, Seite 47

Exkurs – Tangenten, Sekanten und Passanten

5

a) Rechnerische Prüfung
Die Parabel $p: y = x^2 + 2x - 1$ hat mit
$g: y = 2x - 1$ den Punkt $T(0|-1)$,
$h: y = \frac{1}{2}x - 2$ keinen Punkt $(D < 0)$ und mit
$i: y = x + 1$ die zwei Punkte $P(-2|-1)$ und $Q(1|2)$ gemeinsam.
Zeichnerische Prüfung

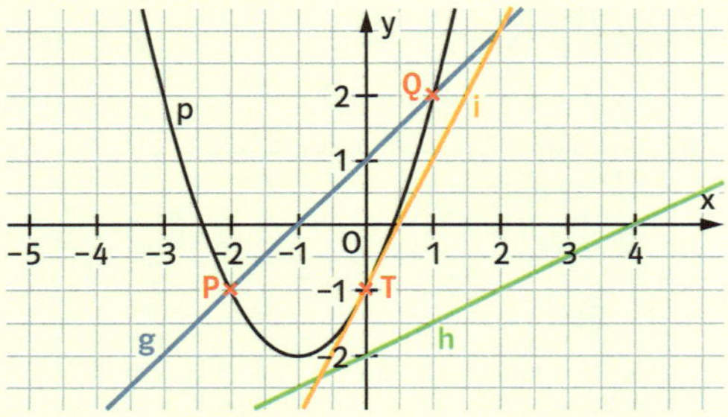

b) Parabel $p: y = x^2 - 4x + 3$
Gerade $g: y = -2x +$ ___
Bedingung für einen Berührpunkt ist $D = 0$:
$x^2 - 4x + 3 = -2x +$ ___
$x^2 - 2x + 3 -$ ___ $= 0$
Dann ist $D = 1 - 3 +$ ___ $= -2 +$ ___ (pq-Formel)
Für ___ $= 2$
berührt die Gerade die Parabel.
Gleichung der Geraden g ist $y = -2x + 2$.
Die Parabel p und die Gerade g schneiden sich im Punkt $P(1|0)$.

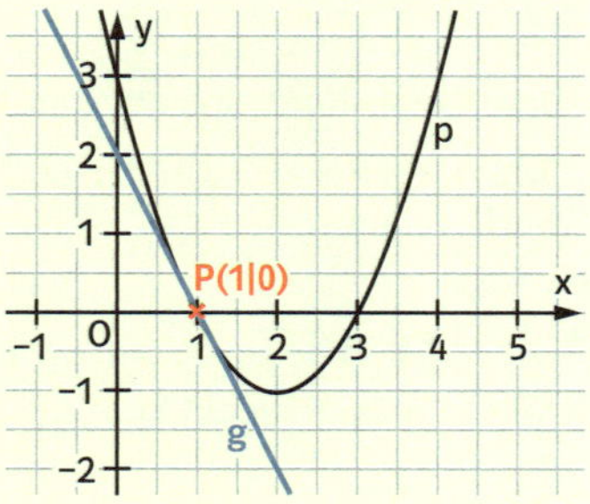

6 Schnittpunkte von zwei Parabeln

a) $p_1: y = x^2 - 4x + 7$ und $p_2: y = x^2 - 10x + 25$
$x^2 - 4x + 7 = x^2 - 10x + 25$ hat die Lösung $x = 3$.
Die Parabeln haben einen Schnittpunkt, $P(3|4)$.

b) $p_1: y = -2x^2 + 3$ und $p_2: y = \frac{1}{2}x^2 + 3$
$-2x^2 + 3 = \frac{1}{2}x^2 + 3$ hat die Lösung $x = 0$.
Die Parabeln haben einen Schnittpunkt, $P(0|3)$.

c) $p_1: y = 2x^2 - 1$ und $p_2: y = \frac{1}{2}x^2 + \frac{1}{2}$
$2x^2 - 1 = \frac{1}{2}x^2 + \frac{1}{2}$ hat die Lösungen $x_1 = 1$ und $x_2 = -1$.
Die Parabeln haben zwei Schnittpunkte, $P(1|1)$; $Q(-1|1)$.

d) $p_1: y = (x - 1)^2 + 3$ und $p_2: y = \frac{1}{5}x^2$
$(x - 1)^2 + 3 = \frac{1}{5}x^2$ hat keine Lösung. Die Parabeln haben keinen Schnittpunkt. (Für die Diskriminante gilt $D < 0$.)

9 Geometrische Figuren im Koordinatensystem

Testaufgaben, Seite 48

Die Lösungen zu den Testaufgaben finden Sie bei der Musterlösungen auf den Seiten 49 bis 50.

Übungsaufgaben, Seite 50

1 Eigenschaften von Figuren angeben

a) Ein Dreieck mit genau zwei gleich großen Winkeln ist **ein gleichschenkliges Dreieck**.
b) Ein Dreieck mit 3 gleich langen Seiten hat **3 gleich große** Winkel.
c) Ein Parallelogramm mit vier rechten Winkeln ist ein **Rechteck**.
d) Ein Rechteck mit vier gleich langen Seiten ist ein **Quadrat**.
e) Ein symmetrisches Trapez hat mindestens **zwei** gleich lange Seiten und **zwei** parallele Seiten.

Übungsaufgaben, Seite 51

2

a) Parallelogramm; $D_1(-2|-1)$ b) Quadrat; $D_2(2|4)$
c) Rechteck; $D_3(0|3)$ d) $M_2(-1|3)$ e) $M_3(2{,}5|3)$

3

a) Parallelogramm b) Quadrat
c) Raute d) symmetrisches Trapez

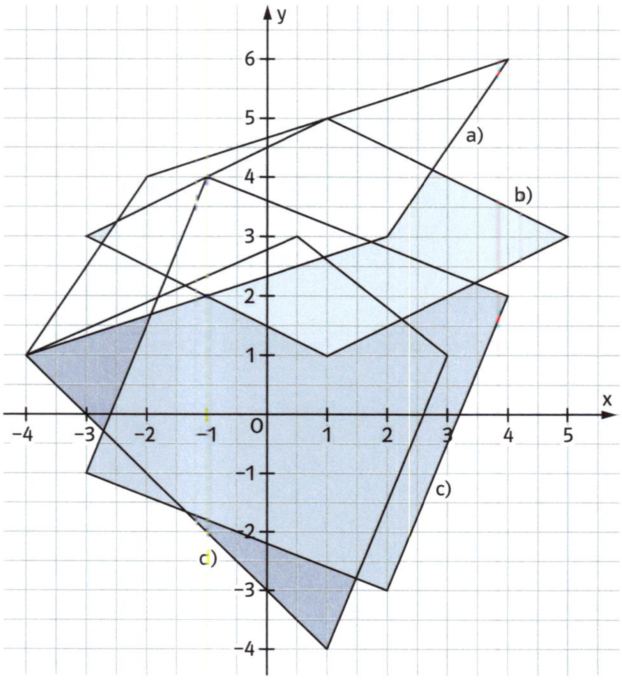

4

a) $B_2(2|3)$; $C_2(1|5)$

b) 5 LE nach links und 3 LE nach unten

LE bedeutet Längeneinheit.

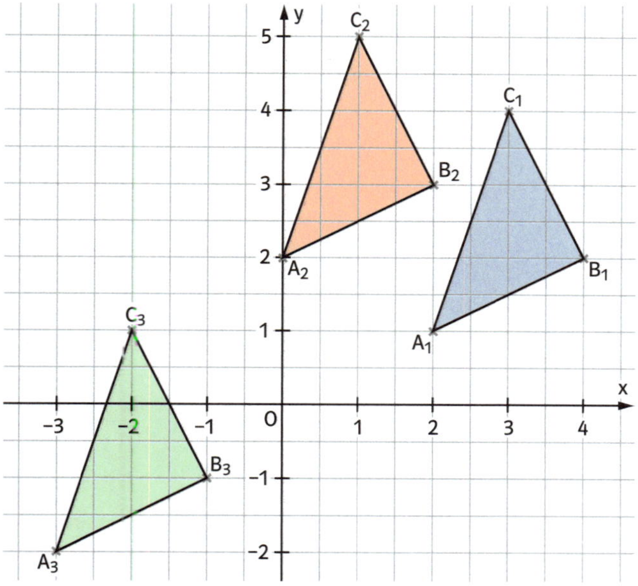

Übungsaufgaben, Seite 52

5

a)

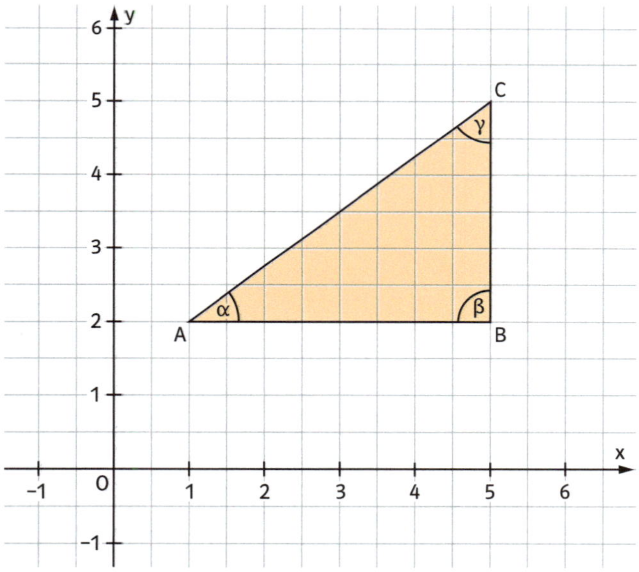

$\overline{AB} = 4$ LE; $\overline{BC} = 3$ LE; $\overline{AC} = 5$ LE; $u = 12$ LE;

$\alpha = 36{,}9°$; $\beta = 90°$; $\gamma = 53{,}1°$

Sinus und Kosinus helfen die Winkel zu berechnen.

b)

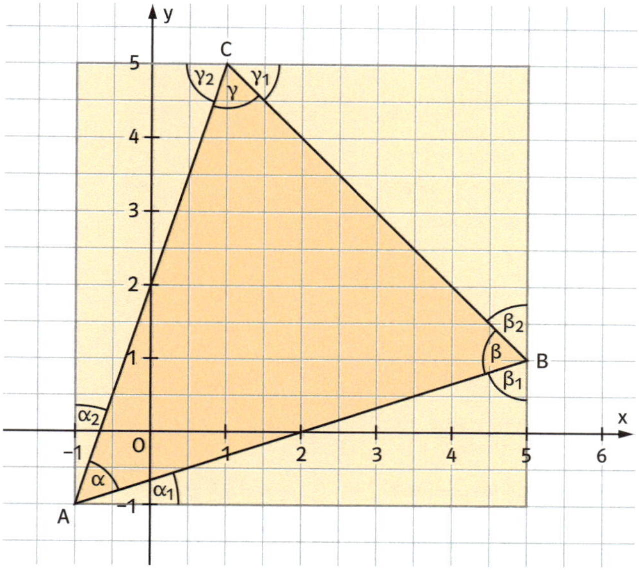

$\overline{AB} = \overline{AC} = \sqrt{40}$ LE ≈ 6,3 LE; $\overline{BC} = 4\sqrt{2}$ LE ≈ 5,7 LE

$u = 18{,}3$ LE

$\alpha = 53{,}1°$; $(\alpha_1 = \alpha_2 = 18{,}4°)$; $\alpha = 90° - \alpha_1 - \alpha_2$

$\beta = \gamma = \frac{180° - 53{,}1°}{2} = 63{,}45°$ (gleichschenkliges Dreieck)

6

Dreieck auf seine Eigenschaften überprüfen

- [x] Dreieck ist gleichschenklig.
- [x] Dreieck ist rechtwinklig.
- [ ] Dreieck ist nicht gleichseitig.

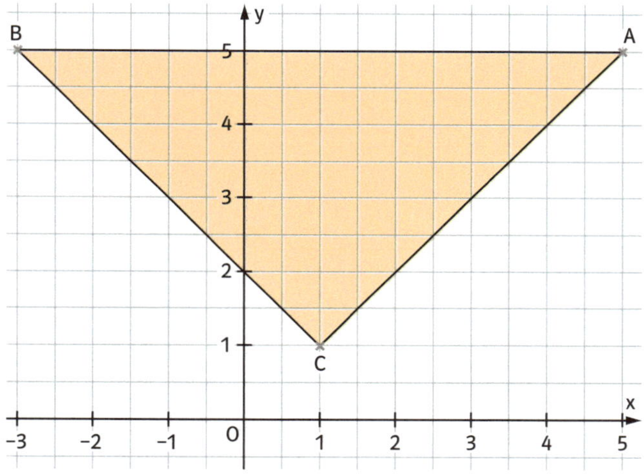

7

Rechnen mit Koordinaten

$A(-1|-2)$; $B(4|0)$; $C(3|4)$; $D(-2|2)$

$\overline{AB} = \overline{CD} = \sqrt{29}$ LE; $\overline{BC} = \overline{DA} = \sqrt{17}$ LE

Das Viereck ABCD hat jeweils zwei parallele und gleich lange Seiten; es ist ein Parallelogramm.

$M_1(1{,}5|-1)$; $M_2(3{,}5|2)$; $M_3(0{,}5|3)$; $M_4(-1{,}5|0)$

Das Viereck $M_1M_2M_3M_4$ ist ebenfalls ein Parallelogramm.

Innenwinkel des Vierecks ABCD:

$\alpha = \gamma = 90° - \alpha_1 - \alpha_2 = 180° - 21{,}8° - 76{,}0° = 82{,}2°$

$\beta = \delta = \frac{360° - 2 \cdot 82{,}2°}{2} = 97{,}8°$

Innenwinkel des Vierecks $M_1M_2M_3M_4$:

$\varepsilon_1 = 56{,}3°$; $\varepsilon_2 = 18{,}4°$

Damit gilt für den Winkel ε: $\varepsilon = \varepsilon_1 + \varepsilon_2 = 56{,}3° + 18{,}4° = 74{,}7°$.

Der Winkel ε stimmt mit keinem der vier Winkel des Vierecks ABCD überein. Die Aussage von Tina ist somit falsch.

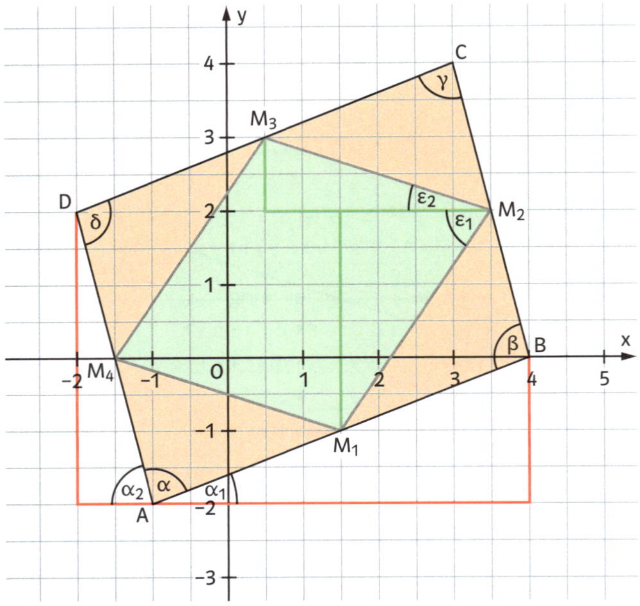

Übungsaufgaben, Seite 53

Exkurs – Kartesisches Koordinatensystem

8 A(3 | 0 | 0), B(3 | 3 | 0), C(0 | 3 | 0), D(0 | 0 | 0), E(3 | 0 | 3), F(3 | 3 | 3), G(0 | 3 | 3) und H(0 | 0 | 3).

9

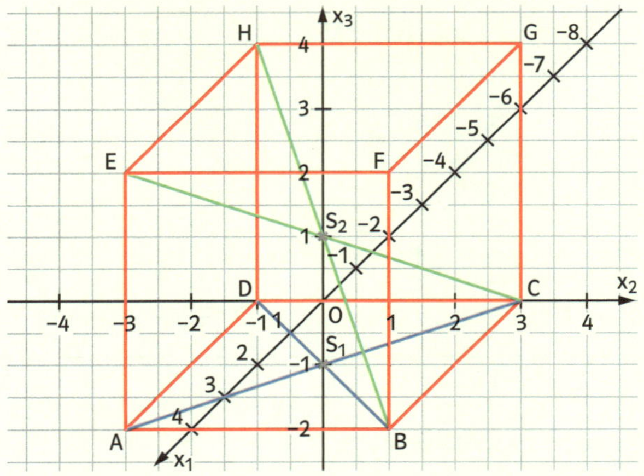

Schnittpunkt Grundflächendiagonalen: $S_1(2 | 1 | 0)$

Schnittpunkt Raumdiagonalen: $S_2(2 | 1 | 2)$

10

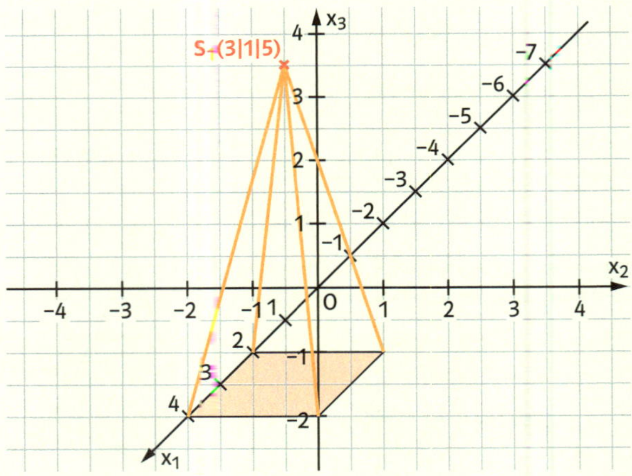

Die Pyramidenspitze ist der Punkt $S_1(3 | 1 | 5)$.

Fit werden

10 Lineare Gleichungssysteme II

Testaufgaben, Seite 54

Die Lösungen zu den Testaufgaben finden Sie bei den Musterlösungen auf den Seiten 55 und 56.

Übungsaufgaben, Seite 56

1

a) (1) $3x - 2y = -22 \quad | \cdot 3$

(2) $7x + 6y = 2$

(1') $9x - 6y = -66$

(2) $7x + 6y = 2$ (+)

(1') $9x - 6y = -66$

(2') $16x = -64 \quad | : 16$

$x = -4$

$x = -4$ in (1') einsetzen, ergibt $y = 5$.

b) $x = 2$; $y = 3$

c) $x = 5$; $y = 1$

2

a) Das LGS hat unendlich viele Lösungen.

b) $x = 2$; $y = 2{,}5$

c) Das LGS hat keine Lösung.

Übungsaufgaben, Seite 57

3 individuelle Lösungen z. B.

a) (2) $-4x - y = 10$

b) (2) $x - 1{,}5y = -3$

c) (2) $-4x - 3y = 1$

d) (2) $-0{,}5x - 1{,}5y = -3$

e) (2) $-4x - 3y = -16$

f) (2) $x + 3y = 10$

4

a) x ist das Gewicht von einer Melone.
y ist das Gewicht von einem Kürbis.
Es gilt:
$2x + 5 = y + 10$ und somit (1) $2x - y = 5$,
$3y = x + 5$ und somit (2) $-x + 3y = 5$.
Lösen des LGS ergibt $x = 4$ und $y = 3$.
Eine Melone wiegt 4 kg und ein Kürbis wiegt 3 kg.

Wir gehen davon aus, dass alle Melonen gleich schwer sind und dass alle Kürbisse gleich schwer sind.

Exkurs – LGS mit 3 Variablen in Stufenform lösen

5 Rückwärtseinsetzen ergibt
a) $x_3 = 2$; $x_2 = -1$; $x_1 = 3$.
b) $x_3 = -2$; $x_2 = \frac{3}{4}$; $x_1 = -\frac{7}{3}$.
c) $x_3 = \frac{7}{2}$; $x_2 = -4$; $x_1 = 0$.

Übungsaufgaben, Seite 58

Exkurs – Beliebiges LGS mit drei Variablen lösen

6

a) Umwandeln in die Stufenform:
(1) $2x_1 + 4x_2 + 2x_3 = 7$
(2′) $-4x_2 - 2x_3 = -8$ (2′) = (−1) · (2)
(3) $4x_2 - x_3 = -1$

(1) $2x_1 + 4x_2 + 2x_3 = 7$
(2′) $-4x_2 - 2x_3 = -8$
(3′) $-3x_3 = -9$ (3′) = (2′) + (3)
Rückwärtseinsetzen ergibt
$x_3 = 3$; $x_2 = \frac{1}{2}$; $x_1 = -\frac{1}{2}$.

b) Umwandeln in die Stufenform ergibt z. B.
(1) $3x_1 - 4x_2 + x_3 = 4$
(2′) $-5x_2 + 3x_3 = 3$ (2′) = (2) + (−1) · (1)
(3) $3x_3 = 6$
Rückwärtseinsetzen ergibt
$x_3 = 2$; $x_2 = \frac{3}{5}$; $x_1 = \frac{22}{15}$.

c) Umwandeln in die Stufenform ergibt z. B.
(1) $4x_1 - 2x_2 + 2x_3 = 3$
(2) $3x_2 + 3x_3 = -3$
(3″) $-2x_3 = 1$
Rückwärtseinsetzen ergibt
$x_3 = -0{,}5$; $x_2 = -0{,}5$; $x_1 = 0{,}75$.

7

a) Multipliziert man Zeile (3) mit −5 und addiert sie zu Zeile (1), so erhält man Zeile (3′).
(1) $10x_1 + 3x_2 - 2x_3 = 3$
(2) $5x_3 = 10$
(3′) $8x_2 + 13x_3 = -2$ (3′) = (1) + (−5) · (3)
$x_3 = 2$; $x_2 = -3{,}5$; $x_1 = -1{,}75$
b) $x_3 = 1$; $x_2 = 1$; $x_1 = 4$
c) $x_3 = 0$; $x_2 = \frac{1}{2}$; $x_1 = \frac{5}{4}$

Übungsaufgaben, Seite 59

8 (1) Bestimmung einer Geradengleichung

a) Punkt $A(2|4)$ einsetzen: (1) $4 = 2 \cdot m + c$
Punkt $B(3|2)$ einsetzen: (2) $2 = 3 \cdot m + c$
Lösen des LGS ergibt: $m = -2$; $c = 8$
und somit die Geradengleichung $y = -2x + 8$ bzw. die lineare Funktion f mit $f(x) = -2x + 8$.

b) Punkt $A(-2|3)$ einsetzen: (1) $3 = -2m + c$
Punkt $B(5|-0{,}5)$ einsetzen: (2) $-0{,}5 = 5m + c$
Lösen des LGS ergibt: $m = -0{,}5$; $c = 2$
und somit die Geradengleichung $y = -0{,}5x + 2$ bzw. die lineare Funktion f mit $f(x) = -0{,}5x + 2$.

(2) Bestimmung einer Parabelgleichung

a) $A(0|2)$ einsetzen: (1) $a \cdot 0^2 + b \cdot 0 + c = 2$
$B(2|4)$ einsetzen: (2) $a \cdot 2^2 + b \cdot 2 + c = 4$
$C(3|14)$ einsetzen: (3) $a \cdot 3^2 + b \cdot 3 + c = 14$
Gleichungen ausrechnen ergibt das LGS.
(1) $c = 2$
(2) $4a + 2b + c = 4$
(3) $9a + 3b + c = 14$
Lösen des LGS ergibt: $a = 3$; $b = -5$; $c = 2$ und somit
$y = 3x^2 - 5x + 2$ bzw. $f(x) = 3x^2 - 5x + 2$.

b) $A(-2|-3)$ einsetzen: (1) $a \cdot (-2)^2 + b \cdot (-2) + c = -3$
$B(0|3)$ einsetzen: (2) $a \cdot 0^2 + b \cdot 0 + c = 3$
$C(2|-3)$ einsetzen: (3) $a \cdot 2^2 + b \cdot 2 + c = -3$
Gleichungen ausrechnen ergibt das LGS.
(1) $4a - 2b + c = -3$
(2) $c = 3$
(3) $4a + 2b + c = -3$
Lösen des LGS ergibt: $a = -1{,}5$; $b = 0$; $c = 3$ und somit
$y = -1{,}5x^2 + 3$ bzw. $f(x) = -1{,}5x^2 + 3$.

11 Argumentieren und Interpretieren

Testaufgaben, Seite 60

Die Lösungen zu den Testaufgaben finden Sie bei den Musterlösungen auf den Seiten 63 und 64..

Übungsaufgaben, Seite 65

1

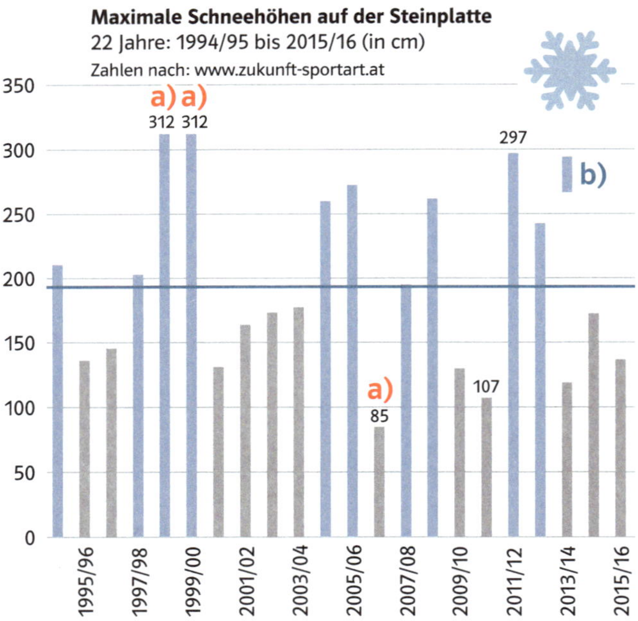

a) In den Wintern 1998/99 und 1999/00 wurde die größte maximale Schneehöhe gemessen, im Winter 2006/07 die kleinste maximale Schneehöhe.

b) In insgesamt 10 Wintern lag die maximale Schneehöhe über dem langjährigen Durchschnitt von 193 cm.

Zehn Säulen sind höher als die Linie mit dem Durchschnitt von 193 cm.

c) Nebenrechnung: Maximale Schneehöhen (in cm):
- von 1995/96 bis 1998/99: 312 − 135 = 177
- von 2000/01 bis 2005/06: 280 − 130 = 150
- von 2011/12 bis 2015/16: 140 − 297 = −157

Vergleicht man die maximalen Schneehöhen im Zeitraum von 1995/96 bis 1998/99 mit denen in den Zeiträumen 2000/01 bis 2005/06 und 2011/12 bis 2015/16, so erkennt man, dass diese in den ersten beiden Zeiträumen in ähnlicher Weise (um 177 cm bzw. 150 cm) zugenommen haben. Dagegen sind die maximalen Scheehöhen im Zeitraum von 2011/12 bis 2015/16 um ca. 157 cm zurückgegangen.

2

a) Herr Jäger geht mit einer konstanten Geschwindigkeit von seinem Haus zum Aussichtspunkt. Kuno läuft in derselben Zeit zunächst zweimal bis zum Aussichtspunkt und wieder nach Hause zurück um dann noch ein drittes Mal zum Aussichtspunkt zu laufen.

b) Kuno legt die 3 km lange Strecke fünfmal zurück, somit legt er insgesamt 15 km zurück.

c) Kuno und Herr Jäger treffen sich um 14:20 Uhr in 1 km Entfernung von zu Hause und um 14:40 Uhr in einer Entfernung von 2 km. Um 15:00 Uhr kommen beide gleichzeitig am Aussichtspunkt an.

d) Beide sind genau eine Stunde unterwegs. Herr Jäger geht mit einer durchschnittlichen Geschwindigkeit von 3 km/h und sein Hund Kuno läuft mit einer Geschwindigkeit von 15 km/h.

Übungsaufgaben, Seite 66

3

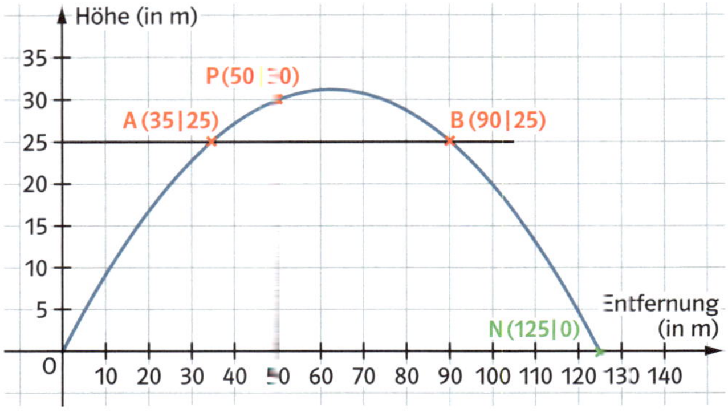

a) Der Ball befindet sich in Punkt N(125 | 0), d.h. er trifft in einer Entfernung von 125 m auf dem Rasen auf.

b) Der Ball befindet sich im Punkt P(50 | 30), d.h. 50 m vom Abschlagpunkt entfernt ist er in einer Höhe von 30 m.

c) In einer Höhe von 25 m befindet sich der Ball im Punkt A(35 | 25) oder im Punkt B(90 | 25). Er ist dann entweder 35 m oder 90 m vom Abschlagpunkt entfernt.

Übungsaufgaben, Seite 67

Exkurs – Aussagen zu mathematischen Schaubildern

4

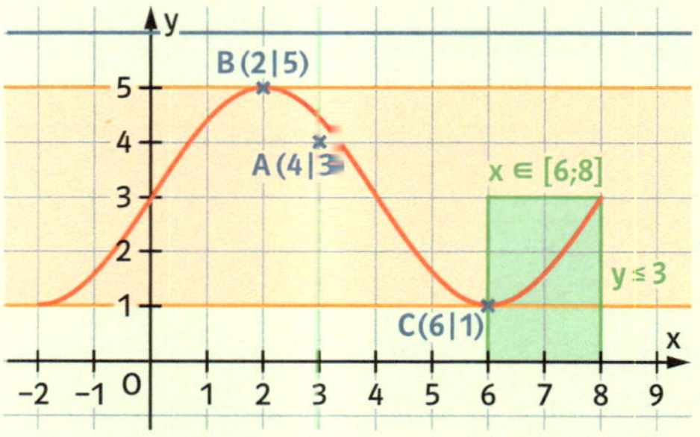

a) Für $x = 3$ ist $y = 4$. falsch
Der Punkt A(3 | 4) liegt nicht auf dem Schaubild.

b) Für $y = 5$ ist $x = 2$. wahr
Der Punkt B(2 | 5) liegt auf dem Schaubild.

c) Für $x > 0$ ist $y > 3$. falsch
Diese Aussage gilt nicht für alle Punkte auf dem Schaubild der Funktion f, z. B. gilt für den Punkt C(6 | 1) $x = 6 > 0$, aber $y = 1 < 3$.

d) Für $x \in [6;8]$ ist $y \leq 3$. wahr

e) Für alle x ist $1 \leq y \leq 5$. wahr
Die Funktionswerte liegen zwischen 1 und 5.

f) Für alle x ist $y \neq 6$. wahr
Alle Punkte des Schaubilds liegen unterhalb der Geraden $y = 6$.

5

a) Punkte auf der Geraden sind
$A(0|2)$; $B(-6|-2)$; $C(-3|0)$ und $D(3|4)$.
Punkte auf der Parabel sind
$E(2|4)$; $F(4|6)$; $G(0|-2)$ und $H(6|4)$.

b) lineare Funktion g bzw. Gerade g: siehe Tabelle 1.

c) quadratische Funktion f bzw. Parabel p: siehe Tabelle 1.

6

a) Die Definitionsmenge besteht aus den positiven Zahlen, also $D = \mathbb{R}_+$. Die Wertemenge besteht ebenfalls aus den positiven Zahlen, also $D = \mathbb{R}_+$.

b) (1) Für $x = 6$ ist $y = \sqrt{6} \approx 2{,}45$.
(2) Für $y = 2{,}25$ ist $x = 1{,}5$.
(3) Für $1 \le x \le 4$ ist $1 \le y \le 2$.
(4) $y < 3$ für $0 \le x < 9$.
(5) $P(6|2{,}5)$ liegt nicht auf der Wurzelfunktion, weil $2{,}5 \cdot 2{,}5 = 6{,}25 \neq 6$.

12 Modellieren

Testaufgaben, Seite 68

Die Lösungen zu den Testaufgaben finden Sie bei den Musterlösungen auf den Seiten 70 und 71.

Übungsaufgaben, Seite 72

1 a)

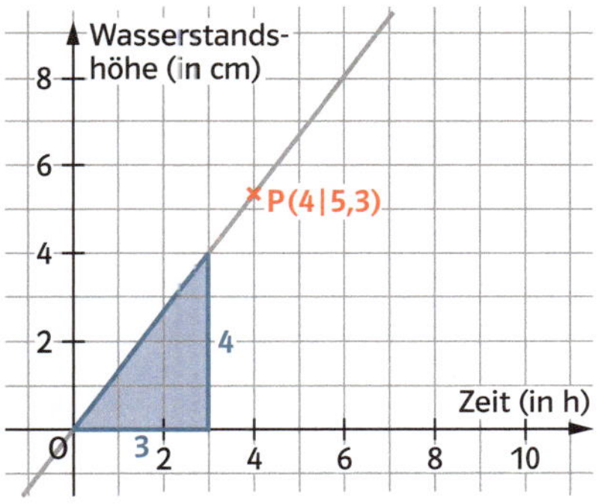

b) Geradengleichung $y = \frac{4}{3}x$ bzw. lineare Funktion $f(x) = \frac{4}{3}x$

c) $P(4|5{,}3)$
Nach 4 Stunden steht das Wasser ca. 5,3 cm hoch.

Punkt auf der Geraden für $x = 4$ ablesen, dieser ist etwa $P(4|5{,}3)$.

Rechnung: $y = \frac{4}{3} \cdot 4 = \frac{16}{3} \approx 5{,}33$.

2 a)

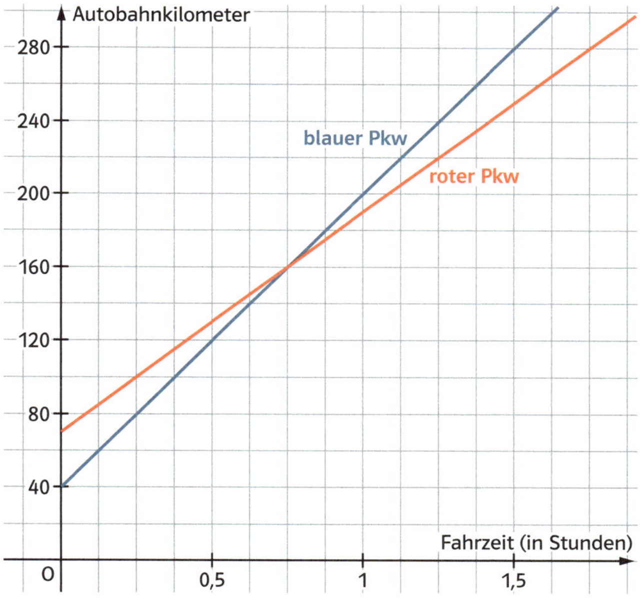

b) blauer Pkw $y = 160x + 40$
roter Pkw $y = 120x + 70$

Aussage	Gerade g	Parabel p
(1) Für $x = 6$ ist $y = 4$.	Der Punkt $P(6|4)$ liegt auf der Geraden g. (falsch)	Der Punkt $P(6|4)$ liegt auf der Parabel p. (wahr)
(2) Für $y = 6$ ist $x = 4$.	Der Punkt $P(4|6)$ liegt auf der Geraden g. (falsch)	Der Punkt $P(4|6)$ liegt auf der Parabel p. (wahr)
(3) Für $x > 0$ ist $y > -2$.	Für positive x-Werte sind die y-Werte größer als -2. (wahr)	Für positive x-Werte sind die y-Werte größer als -2. (falsch)
(4) Für $y > -3$ ist $x > 0$.	Die x-Werte sind positiv, wenn die y-Werte größer als -3 sind. (falsch)	Die x-Werte sind positiv, wenn die y-Werte größer als -3 sind. (falsch)
(5) Für $x \in [2;6]$ ist $y > 3$.	Für x-Werte aus dem Intervall von 2 bis 6 sind die y-Werte größer als 3. (wahr)	Für x-Werte aus dem Intervall von 2 bis 6 sind die y-Werte größer als 3. (wahr)
(6) $y \le 6$ für alle x.	Für alle x-Werte sind die y-Werte kleiner oder gleich 6. (falsch)	Für alle x-Werte sind die y-Werte kleiner oder gleich 6. (wahr)

Tabelle 1

c) Berechnung des x-Wertes durch Gleichsetzen:

$160x + 40 = 120x + 70 \quad | -120x \quad | -40$

$40x = 30 \quad | :40$

$x = 0{,}75$

Berechnung des y-Wertes:

$y = 160 \cdot 0{,}75 + 40$

$y = 120 \quad + 40$

$y = 160$

Der Schnittpunkt der Geraden ist P(0,75 | 160).

Der blaue Pkw überholt den roten Pkw nach 0,75 Stunden bzw. 45 min bei Autobahnkilometer 160.

Übungsaufgaben, Seite 73

3 a)

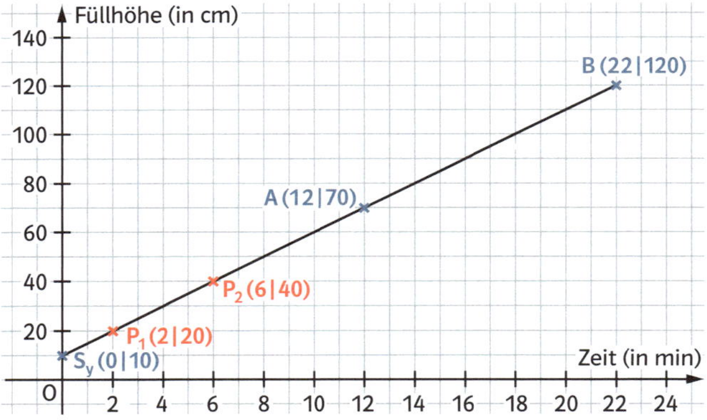

b) Es ist der y-Achsenabschnitt S_y(0 | 10). Zu Beginn des Füllvorgangs steht das Wasser 10 cm hoch.
Nach 12 min steht das Wasser 70 cm hoch; das entspricht dem Punkt A(12 | 70).
Nach 22 min ist die Regentonne voll; das entspricht dem Punkt B(22 | 120).

c) $y = 5x + 10$ bzw. $f(x) = 5x + 10$

d) zu Beginn $\quad y = 5 \cdot 0 + 10 = 10$
nach 12 min $\quad y = 5 \cdot 12 + 10 = 70$
volle Regentonne $\quad 120 = 5x + 10$ ergibt $x = 22$.

4 a)

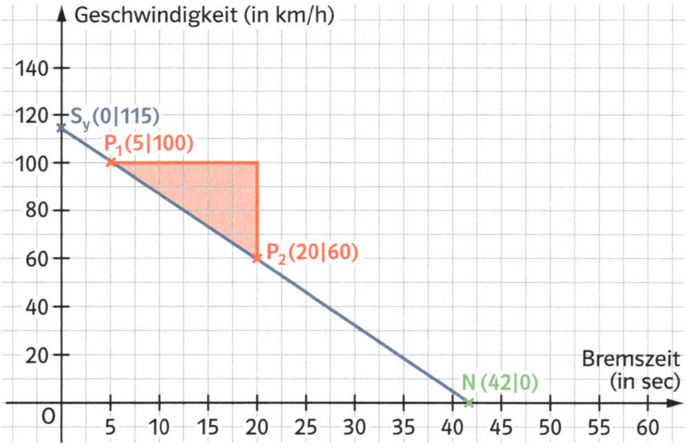

b) Der Schnittpunkt mit der y-Achse ist ca. S_y(0 | 115).
Der Zug hatte zu Beginn des Bremsvorgangs eine Geschwindigkeit von ca. 115 km/h.

c) Der Schnittpunkt mit der x-Achse ist ca. N(42 | 0).
Nach ca. 42 Sekunden steht der Zug.

d) $y = -\frac{40}{15}x + \frac{340}{3}$ bzw. $f(x) = -\frac{40}{15}x + \frac{340}{3}$

Die Geradengleichung wird mithilfe der Punkte P_1(5 | 100) und P_2(20 | 60) ermittelt.

e) Geschwindigkeit zu Beginn des Bremsvorgangs:
Es gilt $y = -\frac{40}{15} \cdot 0 + \frac{340}{3} = \frac{340}{3} \approx 113{,}3$.
Der Zug hatte zu Beginn des Bremsvorgangs eine Geschwindigkeit von 113,3 km/h.
Bremszeit: $0 = -\frac{40}{15}x + \frac{340}{3}$ ergibt $x = 42{,}5$.
Nach 42,5 s steht der Zug.

Mithilfe der Zeichnung können die gesuchten Werte nur näherungsweise ermittelt werden.

Übungsaufgaben, Seite 74

5

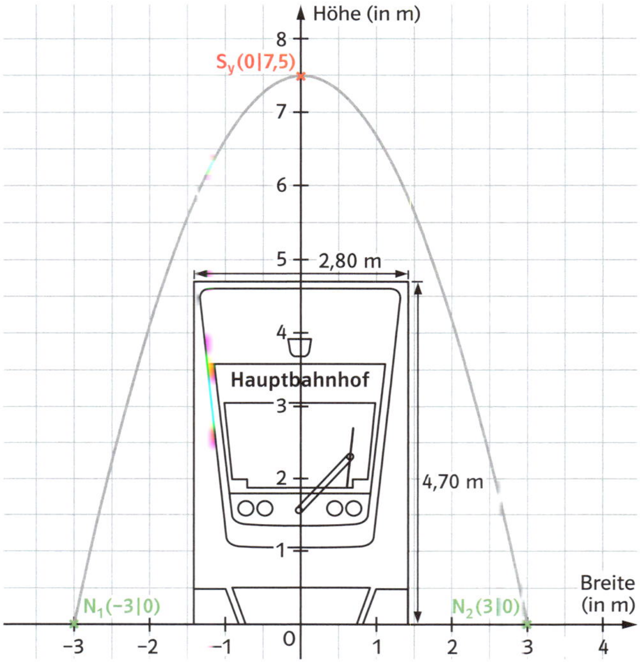

x	−3	−2	−1	0	1	2	3
y	0	4,17	6,67	7,50	6,67	4,17	0

b) Der Scheitelpunkt ist S_y(0 | 7,5).
Es gilt also: $y = a(x - 0)^2 + 7{,}50$
$y = ax^2 + 7{,}50$
Um a zu bestimmen, wird z. B. der Punkt N_2(3 | 0) in die Gleichung eingesetzt: $0 = a \cdot 3^2 + 7{,}50$,
dies ergibt $a = -\frac{5}{6}$.
Somit lautet die Gleichung $y = -\frac{5}{6}x^2 + 7{,}5$.

c) $y = -\frac{5}{6} \cdot 1{,}40^2 + 7{,}50 \approx 5{,}87$ und $4{,}70\,m < 5{,}87\,m$
1,40 m von der Tunnelmitte entfernt ist der Tunnel ca. 5,87 m hoch. Somit passt der doppelstöckige 4,70 m hohe Regionalzug durch den Tunnel.

Übungsaufgaben, Seite 75

Exkurs – Modellierungskreislauf

6

a) und c)

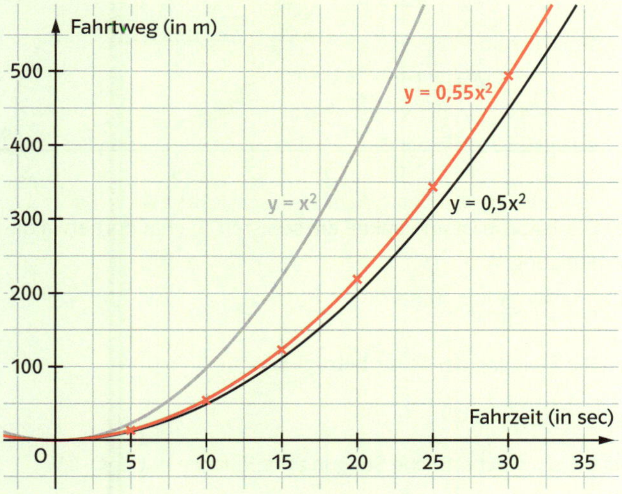

b) Das Schaubild ist eine Parabel.

c)

x	0	5	10	15	20	25	30
$y = x^2$	0	25	100	225	400	625	900
$y = 0{,}5x^2$	0	12,5	50	112,5	200	312,5	450

Siehe Teilaufgabe a).

d) $y = 0{,}55x^2$ bzw. $f(x) = 0{,}55x^2$

7

a)

Zeit x (in min)	0	7,5	15	22,5	30
Höhe y (in m)	0	82,5	165	82,5	0

Zeit x (in min)	37,5	45	52,5	60
Höhe y (in m)	82,5	165	82,5	0

Nach 30 min ist die Gondel wieder auf dem Boden; nach 15 min ist sie ganz oben und nach 7,5 min und 22,5 min befindet sie sich auf der halben Höhe 82,5 m.

b)

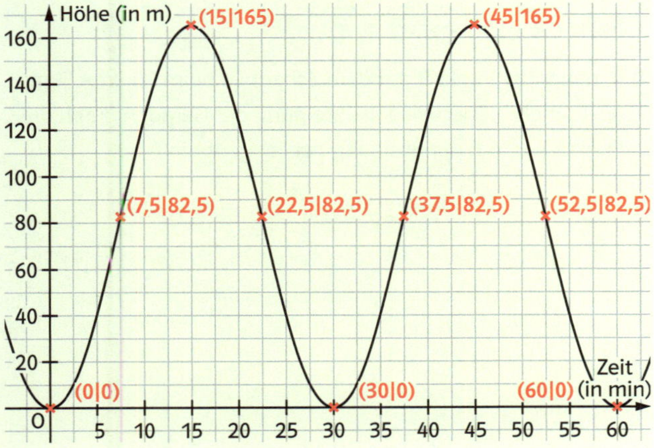

13 Steigung und Änderungsrate

Testaufgaben, Seite 76

Die Lösungen zu den Testaufgaben finden Sie bei den Musterlösungen auf Seite 77.

Übungsaufgaben, Seite 77

1

a) $P(0\,|\,3)$; $Q(1\,|\,-2)$ d.h. $m = \frac{-2-3}{1-0} = -5$

b) $m = \frac{2-(-1)}{-1-2} = \frac{3}{-3} = -1$

c) $m = \frac{2-2}{-5-5} = \frac{0}{-10} = 0$, d. h. parallel zur x-Achse.

d) $m = \frac{\frac{5}{8}-\left(-\frac{1}{2}\right)}{-\frac{9}{4}-\frac{3}{2}} = \frac{\frac{5}{8}+\frac{4}{8}}{-\frac{9}{4}-\frac{6}{4}} = \frac{\frac{9}{8}}{-\frac{15}{4}} = -\frac{3}{10}$

Nebenrechnung $\frac{\frac{9}{8}}{-\frac{15}{4}} = \frac{9}{8} : \left(-\frac{15}{4}\right) = \frac{9}{8} \cdot \left(-\frac{4}{15}\right) = -\frac{3}{10}$

2

a) Die Gerade g hat die Steigung $m = -0{,}5$.

b) Mögliche Lösungen sind die unten schwarz gezeichneten Geraden durch drei Punkte, die grün gezeichneten Geraden verlaufen durch vier Punkte.

Insgesamt gibt es 16 Geraden durch 3 Punkte und 4 Geraden durch 4 Punkte.

c) Die blau gezeichnete Gerade hat die Steigung −1 und geht nur durch den Punkt E. Eine weitere Gerade mit Steigung −1 ist eine Parallele durch den Punkt U.

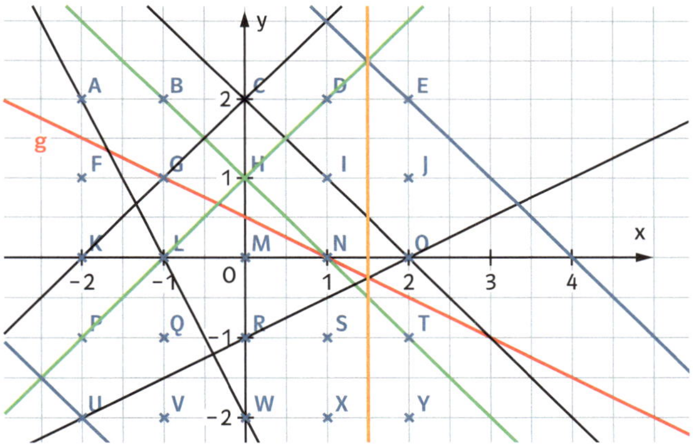

d) Individuelle Lösungen sind möglich, z. B. $y = 0{,}5$ oder $y = x + 0{,}5$ oder die zur y-Achse parallele Gerade $x = 1{,}5$.

Übungsaufgaben, Seite 78

3

a) Bad Boll liegt in einer Höhe von ca. 430 m über NN, Göppingen auf ca. 320 m über NN. $\frac{320-430}{10} = -9$
Das durchschnittliche Gefälle beträgt 9 Höhenmeter pro Streckenkilometer.

Bei Gefälle werden die Höhenmeter in der Rechnung negativ angegeben, bei einer Steigung positiv.

b) Der Fahrradweg beim Berg Hohenstaufen endet in einer Höhe von ca. 600 m über NN. $\frac{600-320}{8} = 35$
Die durchschnittliche Steigung beträgt 35 Höhenmeter pro Streckenkilometer.

c) $\frac{600-430}{18} = 10$
Der durchschnittliche Höhenunterschied zwischen Bad Boll und dem Hohenstaufen beträgt 10 Höhenmeter pro Streckenkilometer.

4

a) $\frac{6-1}{120} = \frac{5}{120} \approx 0{,}042$
Der durchschnittliche Kraftstoffverbrauch beträgt etwa $0{,}042\,\frac{l}{km}$ bzw. etwa 4,2 l / 100 km.

b) Von km 50 bis km 65 war der Kraftstoffverbrauch mit ca. 3,3 l / 100 km am größten, von km 65 bis km 120 war er mit ca. 1,8 l / 100 km am geringsten.

5

a) $\frac{195}{17-14} = 65$
Das Auto fährt durchschnittlich mit einer Geschwindigkeit von 65 km/h.

b) $\frac{25-10}{3} = 5$
Der durchschnittliche Zufluss an Wasser beträgt 5 l/h.

c) $\frac{25-18}{13-10{,}5} = 2{,}8$
Die Temperatur nimmt durchschnittlich um 2,8 °C/h zu.

6

a) ganzer Zeitraum	$\frac{7-0}{8-0} = \frac{7}{8} = 0{,}875$, also 0,875 mm / Tag.
b) ersten 3 Tage	0 mm / Tag
c) letzten drei Tage	1,5 mm / Tag
d) mittleren drei Tage	1 mm / Tag

Die durchschnittliche Änderungsrate gibt das durchschnittliche Wachstum der Pflanze pro Tag an.

Übungsaufgaben, Seite 79

7

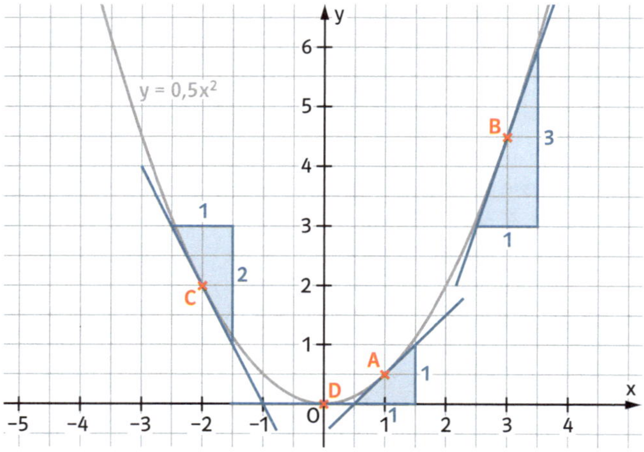

Im Punkt A beträgt die Steigung der Tangente $m = 1$; im Punkt B ist $m = 3$; im Punkt C ist $m = -2$ und im Punkt D ist $m = 0$.

8

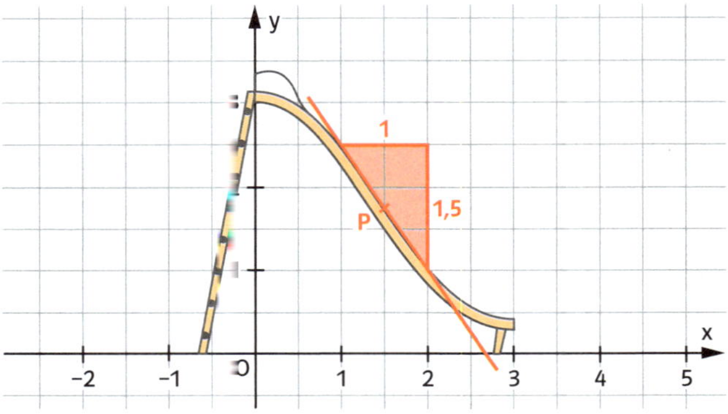

a) Die Rutsche ist im Punkt P am steilsten. Sie hat dort etwa die Steigung $m = -1{,}5$.

b) $m = \frac{3-0}{0-(-0{,}6)} = 5$

Die Steigung der Leiter beträgt 5.

$m = \frac{0{,}3-3}{3-0} = -0{,}9$

Die durchschnittliche Steigung der Rutsche beträgt −0,9.

9

a) Steigung der Geraden durch die Punkte

A(1 | 0,25) und B_1(4 | 4)	$m = \frac{4-0{,}25}{4-1} = 1{,}25$
A(1 | 0,25) und B_2(2 | 1)	$m = \frac{1-0{,}25}{2-1} = 0{,}75$
A(1 | 0,25) und B_3(1,5 | 0,5625)	$m = \frac{0{,}5625-0{,}25}{1{,}5-1} = 0{,}625$

b)

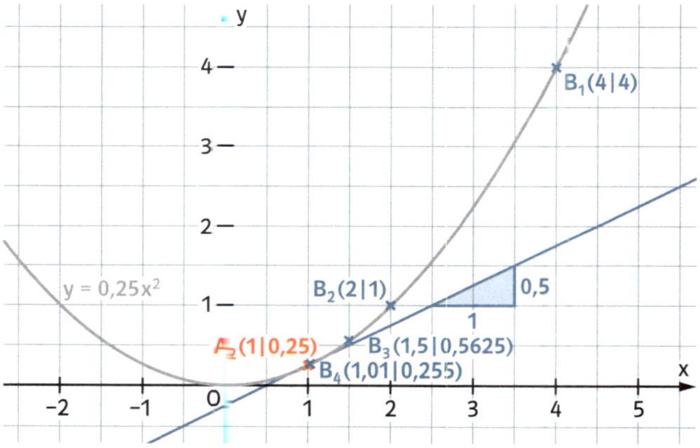

c) A(1 | 0,25) und B_4(1,01 | 0,255)

Steigung $m = \frac{0{,}255-0{,}25}{1{,}01-1} = \frac{0{,}005}{0{,}01} = 0{,}5$

d) Je näher der Punkt B auf dem Schaubild beim Punkt A liegt, desto mehr nähert sich die Steigung der Geraden durch die Punkte A und B der Steigung der Tangente in A an.